Feeding Signals

乳牛の健康と生産のための飼料給与の実践ガイド

日本語版

Jan Hulsen
Dries Aerden
Jack Rodenburg

訳　中田　健

ファームテックジャパンがお届けする

乳牛の健康に有効なアイテム

分野	製品名	特長
家畜ふん尿発酵促進剤	リサイクル・メイト	•嫌気性菌主体の複合微生物と酵素からなる製品 従来の好気性発酵に比べ、条件を選ばず、良質発酵が可能 •牛の歩行通路への散布ですべりの原因のぬめりを分解し ニオイ、ハエの発生の抑制など牛舎、圃場の環境浄化に有効
飼料作物種子	ファームシリーズ	•日本各地に適したハイブリッドトウモロコシ、スーダングラス、ソルガム種子とイタリアンライグラスの優良な飼料作物種子
サイレージ・飼料調製剤	プロモートシリーズ	•トウモロコシ用、牧草用、さらに詰め込み条件に合わせたサイレージ用乳酸菌調製剤 •水分27%まで梱包可能な乾草用から、ラップサイレージ用、TMR専用までの飼料調製用酸製品 •世界最大級の粗飼料コンテストで最高位を獲得した酪農家も使用
蹄管理の有効資材	フーフシュアー・エンデュランス (フットバスあるいは噴霧器用) コンバット (スプレー後、フィルム形成) コンクエスト (削蹄時用、ジェルタイプ)	•米国、ヨーロッパの権威ある複数の大学や学会で「硫酸銅・ホルマリンと同等以上の効果が確認できた」と発表されている •植物精油と有機酸による製品で、環境負荷と耐性菌発生もない •一般に流通している他製品のように環境に負荷をかけたり、また発がん物質も含まず、人にやさしく、蹄へのダメージもなく、より強くする
ルーメン発酵の改善	プロセル プロセル・ハイビタ	•ルーメン内の繊維分解菌を増やし、恒常性(pH)を安定化 •乾物摂取量を上げ、飼料効果を改善、産乳量・乳脂肪を増加 •ビタミンサプリメント入りの「プロセル・ハイビタ」も好評
微量ミネラルの補給	アゾマイト	•天然由来の理想的な比率のキレートミネラルで、吸収率が高く、安定 •免疫グロブリンと抗体価を上げることが確認されている •カビ毒吸着力にも優れる
主要ミネラルの補給	グアノ・フィード 風化貝化石	•有機態のリン酸とカルシウムは溶解性と利用性に優れる •「グアノ・フィード」は国内唯一のグアノ由来A飼料有機質リンカル資材 •「風化貝化石」のカルシウムは結晶構造としては「アラゴナイト」に分類され、一般の石灰岩由来の炭酸カルシウム(カルサイト)より溶解性に優れ、吸収されやすい
子牛の下痢対策	バイオペクト	•デンマークで開発され、ヨーロッパをはじめ世界各国で35年以上の実績 •天然素材(特殊加工された複数の植物繊維と電解質、グルコース)による製品で、予防から軽〜重度の症状まで幅広くサポート •ミルクや代用乳に混合・給与するだけ、腸内環境を整えながら、同時に栄養補給もできる子牛専用混合飼料サプリメント
乳房の健康管理	ミントコンディション	•ペパーミントのエッセンシャルオイルを35%含有 •精油成分メントールは独特のハッカ臭と清涼感があり、高い抗菌作用を持っている •血管を拡張させ、血行を良くすることで、乳房の自然治癒力を促進する

ファームテックジャパンは
カーギル社をはじめ、世界各国から乳牛の健康に有効な情報と
優秀な製品を日本の酪農現場にお届けしています

カーギル社 Cargill

1865年、米国に設立され、その後150年以上、農業、食品を中心に現在世界65ヵ国でビジネスを展開しています。穀物の取扱量では世界最大級であり、食品分野においても世界のトップグループに入っています。その多くのビジネスをとおして、人の健康をはじめ、家畜栄養と経済性、さらに環境保全の重要性に早くから気づき、調査研究のためにカーギル・アニマル・ニュートリションという自社農場を立ち上げました。

カーギル オフィスセンター（ミネソタ州）

カーギル・アニマル・ニュートリション Cargill Animal Nutrition

1958年に設立。設立当初は動物の予防接種、豚の貧血予防、牛の飼料における重要な成果の本拠地でした。設立以来規模を拡大し続け、現在も動物の栄養研究に関する重要な調査と研究、開発の成果は世界に向けての発信源であり続けています。

- 世界に17の最先端の研究開発センターおよび技術応用研究所を持つ
- 研究者は500人以上
- 200種類の原料に及ぶ200万以上の世界最大となる近赤外線（NIR）飼料分析のデータベースを持ち、毎年60万サンプルを分析、データとして蓄積され、現在では1000万件以上の飼料分析結果を世界に提供している
- 世界各国においてNIRの専門家30名がマルチベンダープラットフォームの400ものNIR分析機器を継続的に管理している

カーギル イノベーションキャンパス（ミネソタ州）

プロモート Promote

世界に拠点を持つカーギル・アニマル・ニュートリションの60年余りの調査研究の成果と、大学・試験機関の協力により開発された製品のブランドです。最新の家畜栄養に基づき、良質で安全な飼料の生産と調製、それによる家畜の健康をとおしての動物福祉、そして環境保全、それらを経済効果を上げながら可能とする情報と製品を世界に広げるために生まれたブランドです。プロモートのユーザーが直近の世界最大級の粗飼料品質コンテストで今回も最高位を獲得しました。世界の優秀な酪農家から大きな信頼が寄せられています。

2018 ワールドフォーレージグランドチャンピオン
DOTERER DAIRY

ファームテックジャパン Farmtech Japan

カーギル社農業資材の日本総代理店として1994年札幌に設立されました。
日本におけるリサーチをとおして、現場に明らかに有効と確認できた技術情報とそれを実行するために必要な製品を選抜し、日本各地の販売店様とともに全国へ普及しています。

ファームテックジャパン 本社（札幌）

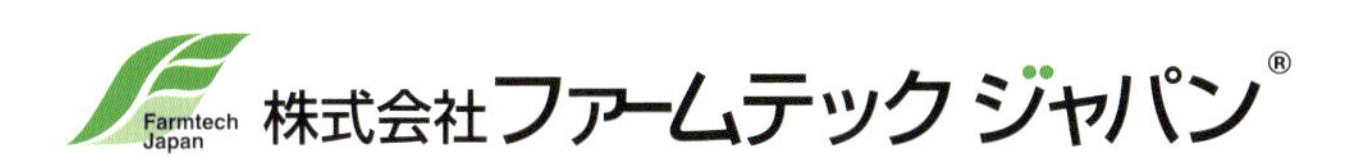

本 社　〒004-0834 北海道札幌市清田区真栄4条2丁目8-1
TEL.011（885）3307　FAX.011（885）3308

Cow
SIGNALS®

はじめに

飼料の調製、給与は、毎日の作業の中でも最も大切な作業の一つである。また、飼料給与後にも、餌寄せ、採食状況の観察などの作業も必要となる。さらに、畜舎の新築または飼槽の改築の際には、飼養している牛に飼料を最大限採食してもらうための、飼槽の構造も考えなければならない。適切に設計された飼料であっても、それが効率的に生産に結びついているか確認することも必要となる。

サイレージを主体とする飼料設計では、バンカーサイロでは切り出した場所、ロールベールラップサイロではラップにより、そのサイレージは必ずしも同じものではない。場所により原料が異なること、発酵場所により発酵状況が異なることを考えれば、まったく同じではないことは容易に想像がつくであろう。そのサイレージを主体に飼料調製した飼料は、毎日、まったく同じものではないと考えることも大切である。飼料を給与する日の牛舎内の温度、湿度、水槽の水の温度、ペン内の牛の分娩後日数・乳量は、必ず変化している。牛の移動後は、ペン内の牛群構成、牛の社会的な序列も変化している。そのため、毎日給与している飼料を、牛が効果的に乳生産に利用しているのか、定期的に確認することが生産性の維持・向上に欠かせない作業となっている。主要な確認方法は、乳量・乳成分、牛の観察である。バルク乳または乳用牛群検定成績により乳量・乳成分を確認することができ、農場内で牛のボディーコンディションスコアリング、ルーメンフィルスコア、腹囲膨満度、フンの性状と消化状況、牛の採食行動を観察することで牛の状況を評価することができる。

本書"Feeding Signals"は、写真やイラストが豊富であり、分かりやすく飼料給与に関係する様々な管理のポイントを、牛の視点を含めてまとめられている。今までにはない、牛から考えられた飼料に関する手引書と言える。多くの生産者、生産支援者に楽しんで読んでもらえることを期待するとともに、それぞれの農場で牛が喜ぶ飼料給与の工夫が日々行われることを願っている。

2019年1月　中田　健

Feeding Signals

著者
Jan Hulsen
Dries Aerden
Jack Rodenburg

原書編集
Ton van Schie
Christel Lubbers
Owen Atkinson
Jack Rodenburg

日本語版翻訳
中田　健
酪農学園大学獣医学群獣医学類

写真撮影
Jan Hulsen
Anneke Hallebeek (p.35)
Broer Hulsen（p.11, p.13(2), p.35(2), p.54, p.82）
Bertjan Westerlaan (p.32)

挿絵
Trudy Michels, Studio Michels
Herman Roozen

デザイン
Varwig Design

協力
Joep Driessen, Dick de Lange, Bert van Niejenhuis,
Pieter Paschyn, Nico Vreeburg, Bertjan Westerlaan,
Jaap van Zwieten

次の方に感謝いたします：
Owen Atkinson, Jack Rodenburg, Freek van Essen,
Kees Haanstra, Paul Hulsen, René Knook, Roel Koolen,
Adri Maas, Aart Malestein, Niek Mangelaars, Ria Raats,
Ronald Raats, Kees Simons
酪農業に携わる多くの生産者、アドバイザー、獣医師、関係者

Feeding Signalsは、成功を手に入れるCow Signals®シリーズの1冊です。
Koesignalen® と CowSignals® はVetvice®の登録商標です。

ISBN: 978-4-86453-061-3

原書編集発行、デジタルコンテンツ作成

Roodbont Publishers B.V.
Postbus 4103
7200 BC Zutphen
The Netherlands
T +31 575 54 56 88
E info@roodbont.com
I www.roodbont.com

農場および牛舎内構造物へのアドバイス

VETVICE
happy cows, happy farmers

Vetvice® Group
Moerstraatsebaan 115
4614 PC Bergen op Zoom
The Netherlands
T +31 165 30 43 05
E info@vetvice.com
I www.vetvice.com

Vetvice社は、酪農家や指導者、資材・飼料供給者に、社の研究と実践を通して得られた実際的で信頼できる酪農経営に関する情報を提供しています。それらの情報提供により、最高品質の生産、高い利益率と同時に、乳牛と酪農家双方にとって快適な環境および健康を提供することを目的に、日夜努力しています。

トレーニング部門、ワークショップおよびプレゼンテーション提供：

CowSignals® Training Company
Hoekgraaf 17A
6617 AX Bergharen
The Netherlands
T +31 6 54 26 73 53
E info@cowsignals.com
I www.cowsignals.com

LIBA
Dorpsstraat 21
3950 Bocholt
Belgium
T +32 (0)89 46 46 06
E info@liba.be
I www.liba.be

日本語版発行
2019年2月21日　初版発行

DAIRYMAN
デーリィマン

デーリィマン社
札幌市中央区北4条西13丁目
TEL　011(231)5261
FAX　011(209)0534
e-mail：kanri@dairyman.co.jp
URL：http://www.dairyman.co.jp

印刷
岩橋印刷株式会社

行動的要求と採食行動

牛は、集団を好み、草を食べ反芻をする動物である。他の動物とは異なる牛の特徴が、反芻である：牛はルーメン内の発酵により、エネルギー価の低い飼料をエネルギー価の高いミルクや肉に変換する。牛の欲求と特性に合わせた管理を行うことで、牛の消化システムが最適となり牛の生産と健康が維持される。適切な管理が、持続的な経営と高い収益に結びつく。

放牧している牛は牧草でルーメン内を満たし、反芻をするために乾いた安全な場所に移動して横になる。牛は所属するグループ全頭ですべてのことを一緒に行う。一緒に食べて、一緒に休む。

集団行動と採食

牛は食べる、寝る、歩くことをグループで一緒に行う。グループの牛が同時に採食できないと、ストレスになったり採食時に争いが起こる。一緒に食べること、休息することができない牛は、急いで餌を食べたり採食量が低下する。

牛はグループの関係と優位性を確認するために採食を利用する。とても短時間で迅速に結果が認められる。優位な牛はグループ内のボスであることを確認し、順位の低い牛は自分の順位を確認する。飲水の場所でも同じことが起こる。動物にとっては当たり前のことになっている。

高産乳牛は、1日に平均14～16時間咀嚼をしている。舎飼いでは、牛の採食時間は4～6時間、反芻時間は9～11時間である。100%放牧している場合は、大まかに採食時間と反芻時間が逆となる。

ルーメン内微生物叢が牛の食事を作っている

植物には多くのセルロース（繊維素）が含まれている。動物はセルロースを分解できないが、バクテリアのような微生物は分解することができる。反芻動物は、食べた餌を微生物に分解させるための2つの胃を持っている。この過程を発酵と呼び、それに携わる胃は第一胃（ルーメン）と第二胃と呼ばれている。そして、すべての微生物の集合体は、ルーメン微生物叢（フローラ）と呼ばれている。

十分な咀嚼

十分な咀嚼、特に反芻物を咀嚼していることは、適切な量の繊維が飼料に含まれているよい餌のシグナルである。十分に咀嚼をしていることは、ルーメン内を健康に保ち、好ましいルーメン内環境のために必要な反芻活動を促す。子牛の場合、繊維をほとんど含まない飼料は、異常な行動、例えば乳頭の吸引、臍帯の吸引と尿を飲むような行動をとらせ、ルーメン内に毛球をつくらせる。

年を経た牛の場合は、ルーメンの問題、第四胃の潰瘍、腸の問題、異色症（食べるべきものではない物を食べること）、および下痢を導くことがある。

牛は休息と平穏を求める

捕食される動物は、いつもお互いに周囲に気を配って、あらゆる脅威、他の動物の行動、不意の状況にすぐに対応する。神経質な牛はより速く採食を済ませる。しかし、その牛は他の牛よりも少ない餌を食べていることも意味している。そして、その牛は横になる代わりに立ち続けている。落ち着いている牛群では、全ての牛はゆっくりと落ち着いて採食するが、神経質な牛群ではそのようなことはない。牛に安心感と安定性を与えることで落ち着きを築くことができる。もし全ての牛が安心に行動できれば、牛群内の緊張感は、とても容易に取り除くことができる。緊張感は、多くのことによって引き起こされる。他の牛との競合、人または機材に対する恐怖、予想の付かない驚くような出来事などである。十分に横になることができないことも多くの緊張感やストレスの要因となる。十分に横になる場所がない時、横になる場所が快適でない時などが、それに該当する。

歩くことは健康なことである

牛には歩き回りたいという強い欲求があるわけではないが、歩くことは健康を維持するためにとても有効である。歩くのに十分なスペースがあるということは、パーソナルスペース（個体にとっての動物間の好ましい空間）、争いを避ける空間、そして逃げる空間があることである。自然環境下の牛は、牧草の量と水場までの距離に応じて、1日5〜15km歩く。牛舎内では発情の時を除き、搾乳牛は1日1.5〜2.5km歩く。

幼若な子牛は、他の子牛と一緒に飼われているとより多く食べて、より早く成長する。幼若な子牛は、見知らぬグループに移動した時にも、社会的な順位争いなどの問題はほとんど起こらない。

消化器系の解剖：概要

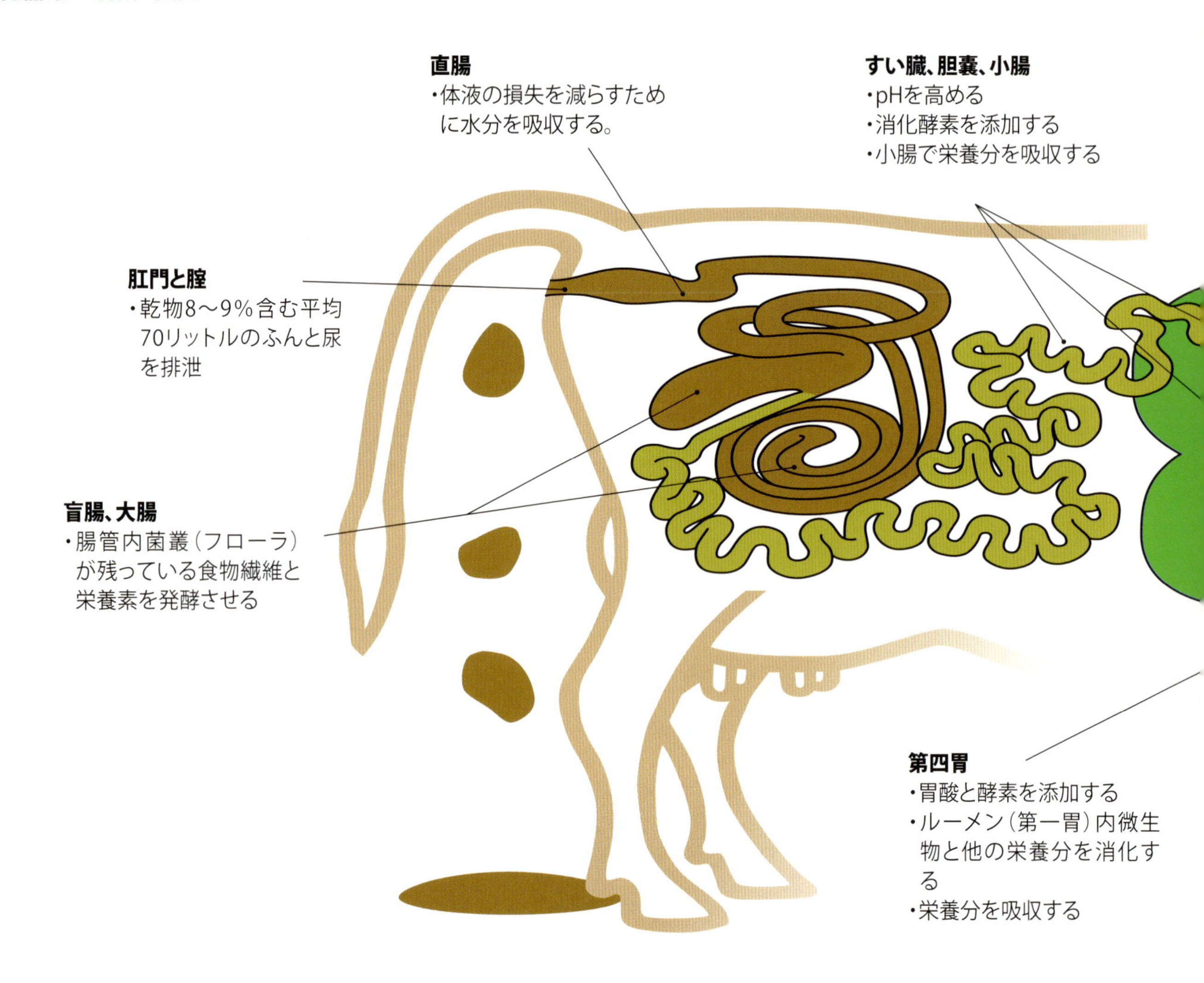

水と唾液

ホルスタイン・フリージアン種の搾乳牛では、1日におよそ300～400リットルの水がルーメン内を通過する。飼料は、およそ50リットルの水を含む。乳牛は採食した乾物1kgあたり4～5リットルの水を飲む。周囲の外気温が22～25℃の時には、1日の飲水量は80～120リットルになる。そして、牛は1日に200～250リットルの唾液を生産する。

この唾液は：
・飼料を湿らせて、ルーメン液に加えられる
・ルーメン内pHの低下を抑制する
・タンパク質産生のための窒素（尿素）、およびリン酸とナトリウムも同様に循環する。

泥状の食塊に含まれた多くの水は第三胃と大腸で再吸収される。牛はミルク、尿、ふん、そして、呼気（吐く息）による蒸散で水を失う。

牛の唾液の半分量は、咀嚼して（食べ物を噛んで）いるときに生産され、残りの半分量は継続的に産生される。飲み込めない、または食道に閉塞（つまり）があると、唾液が口の周りに垂れ出てくる。

第三胃開口部
浮遊しているルーメンマット（繊維）の流入をブロックし、消化できる食塊を通過させる

ルーメン（第一胃）
・内容物の撹拌のために収縮する
・ルーメン微生物叢（フローラ）はエネルギーを得て成長するために食物を分解し、揮発性脂肪酸を生産する
・ルーメン壁は揮発性脂肪酸とミネラルを吸収する
揮発性脂肪酸は牛が必要とするエネルギーの50～70%をまかなっている　ルーメン内容量：180～200リットル

咽喉、食道
・ルーメンに飼料を誘導する
・食塊が逆流する
1日の採食量：乾物量で15～23kg=生の重量で30～90kg

口、舌、歯
・飼料を小さく砕く
・唾液を加える（1日あたり200～250リットル）

鼻、目、舌、鼻鏡
・飼料の選択と口への取り込み

摂取量：
・放牧場：1時間に乾物量1kg
・飼槽給餌：1回の約30分間の採食に乾物量1.5～2kg

第三胃
・大量の水、揮発性脂肪酸、特定のミネラルを吸収する
・泥状の食塊をくみ入れて第四胃に通す

第二胃
・食塊を吐き出す
・ルーメン内容物を第三胃周辺または第三胃にくみ出す

ルーメン微生物叢（フローラ）と食料源としての遊離脂肪酸

牛は、ルーメン微生物叢そのもの、発酵の残渣物、ルーメンおよびルーメン微生物叢を通過する栄養物質を食物としている。揮発性脂肪酸は炭水化物（糖、でんぷん、セルロース）の発酵の残渣物である。乳牛の生産するすべての揮発性脂肪酸は、牛が必要とするエネルギーの50～70%に相当する。牛は小腸ででんぷんの残渣物、脂肪、タンパク質を受け取る。ドロドロになった食物は盲腸および大腸で再び発酵する。そこで生産される揮発性脂肪酸は、牛のエネルギーの10～15%に相当する。

第三胃の壁は、本のページのように折りたたまれた葉状の構造となっている。これは、食塊に接触する表面積をとても大きくしている。

ルーメンの機能

1.

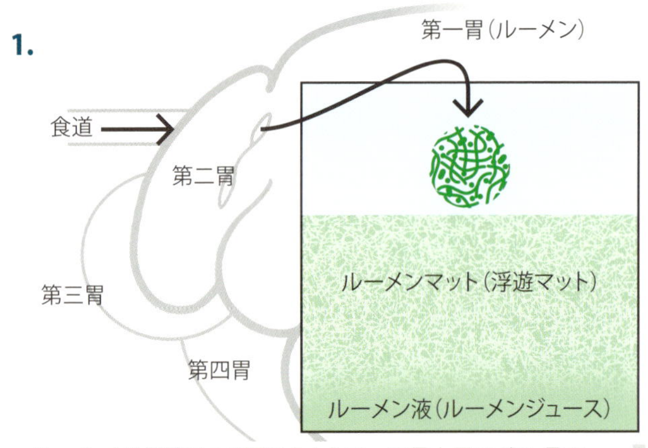

ルーメン内は通常3つの層に分かれている：最上層のガス、最下層の液体、液体の上層に浮遊する最近食べた食物の塊（ルーメンマット）。餌によっては2つの層となる傾向がある：最上層のガスと底部のルーメン液と混和された飼料で構成される浮遊マット。

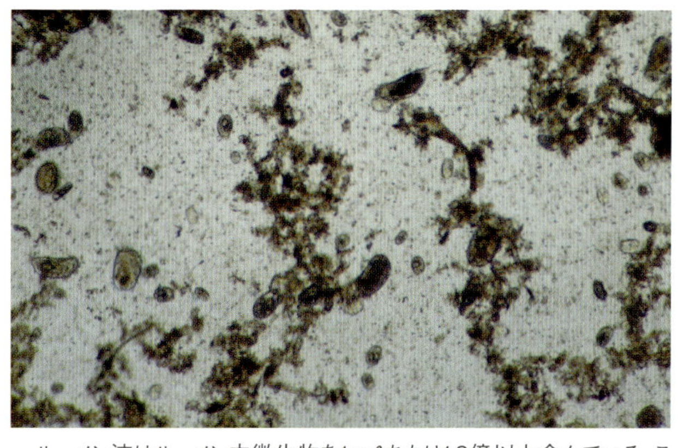

ルーメン液はルーメン内微生物を1mℓあたり10億以上含んでいる。このルーメン液中の微生物は、プロトゾア（40～50%）、細菌（40～50%）、真菌（5～10%）と古細菌（1～2%）から成る。写真の大きな微生物は、プロトゾア（1つの細胞で構成された生物）である。細菌、古細菌と真菌は、この倍率（40x）では見ることができない。

2.

餌を食べたとき、餌は第二胃の浮遊マットの最上部に落とされる。ルーメン運動は、ルーメン液と餌を混ぜ合わせ、後方に移動させる。小さく、重い粒子は沈みこみルーメンマットに捕らえられる。そのため、ルーメンマットは小さな食物粒子をできるだけ長くルーメン内に留める働きをしている。

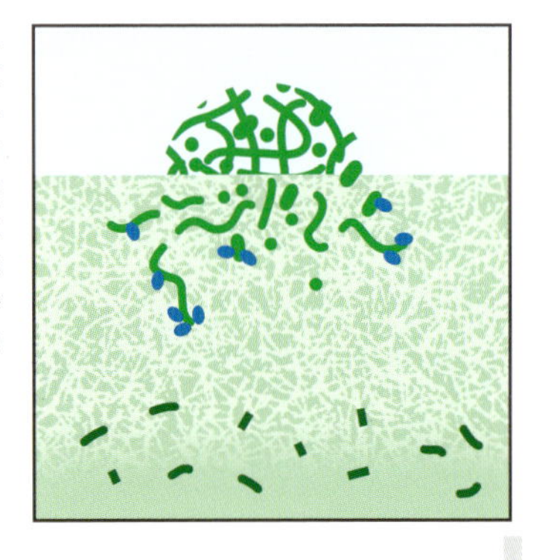

健常なルーメンは、1分間におおよそ2回収縮運動をする。この運動は左の膁部で確認することができる。拳を作って、かなり強く膁部に押し当てて待つ。ルーメンが収縮するとき、拳が外へ押し出される。

3.

第二胃は収縮し、ルーメンマットは食道開口部に押し付けられ、食道がルーメンマットの塊を吸い込む。反芻を促すために、飼料は少なくとも2.5cmの長さのものが十分な量含まれていなければならない。

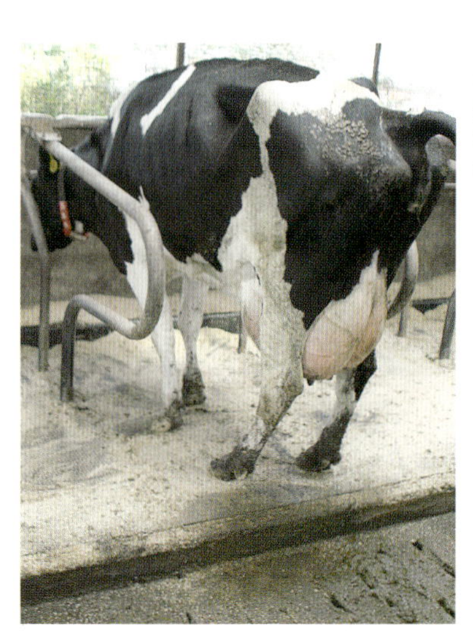

ルーメンは空で、この牛は下痢である。この牛は病気、または、ルーメン内容物がかなり速く通過している。

4.

口の中では、牛は反芻物から水分を吸い出し、再びそれを飲み込む。それから、口の中で感じられる物に応じて50〜70回反芻物を噛む。再咀嚼（再び噛む）の過程は食物の粒子サイズを小さくし、さらに押しつぶす。これは、ルーメン内細菌が十分に食物と混合されるように食物の表面積を大きくしている。

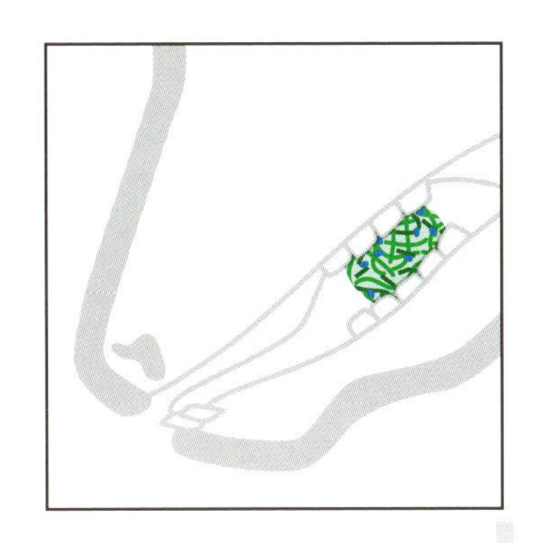

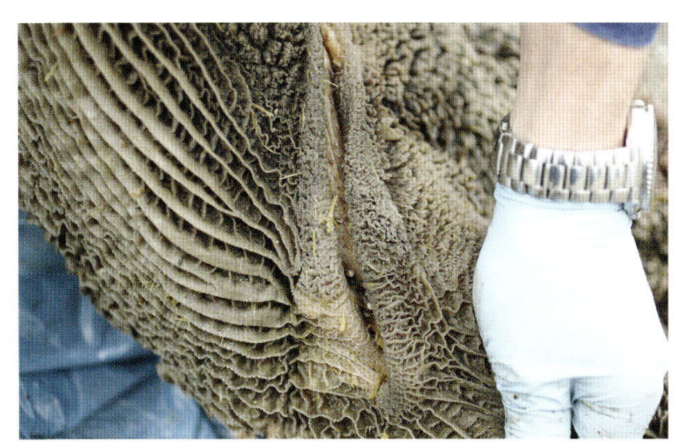

第三胃の入口は、食道溝にあり、通過する食物粒子とルーメン内に停留する粒子をふるい分けている。ルーメンと第二胃内のルーメンマットが薄い場合、第三胃の開口部はわずかな小さな粒子だけを通過させるはずが、発酵が不十分な多くの食物粒子を通過させてしまう。ルーメンマットが薄いほど、トウモロコシの実のように小さな粒子をルーメン内に保持しにくくなる。

5.

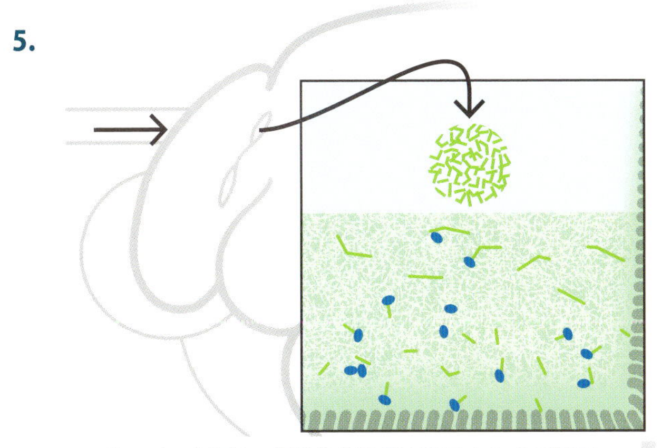

ルーメン壁は、とても迅速に揮発性脂肪酸を吸収する。その速度は牛によって異なり、ルーメン壁の乳頭突起のサイズによる。ルーメンは揮発性脂肪酸を壁から吸収することでpHを高く維持する。ルーメンの収縮は、内容物を乳頭突起に流し込み、揮発性脂肪酸を継続的に供給する。

ルーメン壁は乳頭でおおわれ、毛足の長いパイルカーペットのように見える。これらの乳頭は、ルーメンの表面積を45倍以上に増やす。

6.

ルーメン内微生物は飼料を発酵させ、ガスの気泡を発生させる。ガスの気泡は、飼料の微量粒子に吸着し飼料を浮かび上がらせる。発酵が終了したとき、ガスの発生は終了して飼料の粒子は底に沈む。そして、飼料の微量粒子は底の流れに乗って第二胃、第三胃の方へ運ばれる。

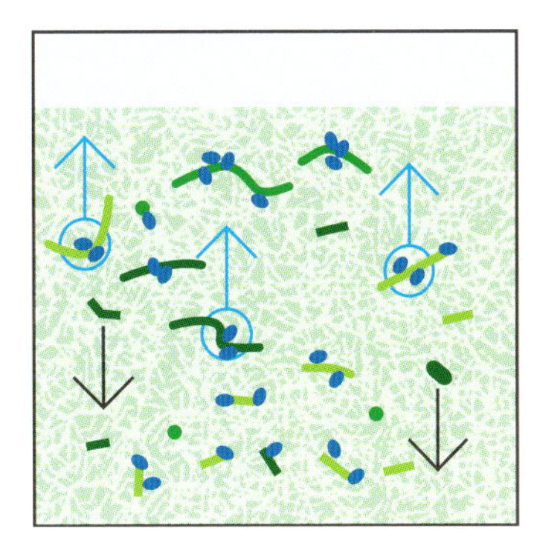

凡例

- 微生物
- 反芻された繊維
- ルーメン内微絨毛
- 他の飼料微粒子
- 形成されたガス
- 新しい繊維
- 反芻された繊維／しばらくルーメン内に停留している繊維

ルーメンは空で、よく消化されたように見える大量のふんをしていた。この牛は、十分に食べていない。

ルーメン運動と飼料の通過（移動）

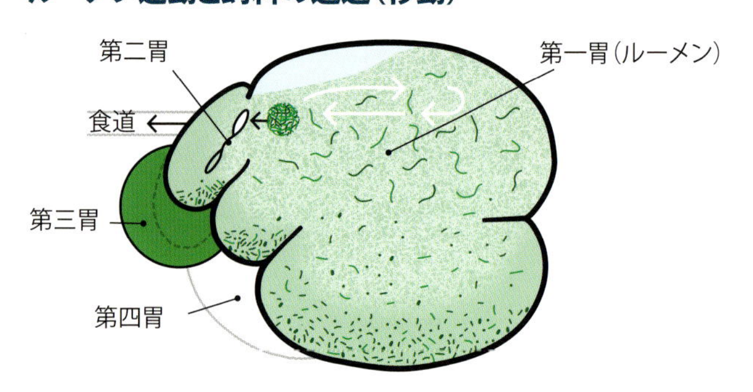

ちょうど今食べた飼料は、ルーメンの最上層にとどまり、第二胃の方へ送られる。反芻の間、食道は第二胃から食物の塊をちぎり取る。

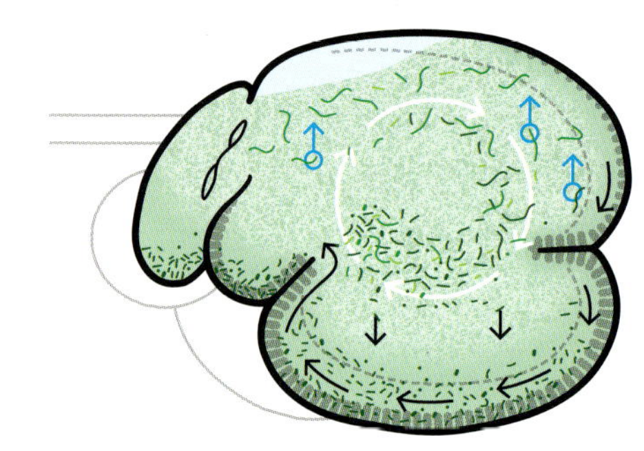

特定の方向に縮むことによって、ルーメンは内容物を混和し、ルーメン壁と乳頭に沿ったルーメン液の流れを作り出す。

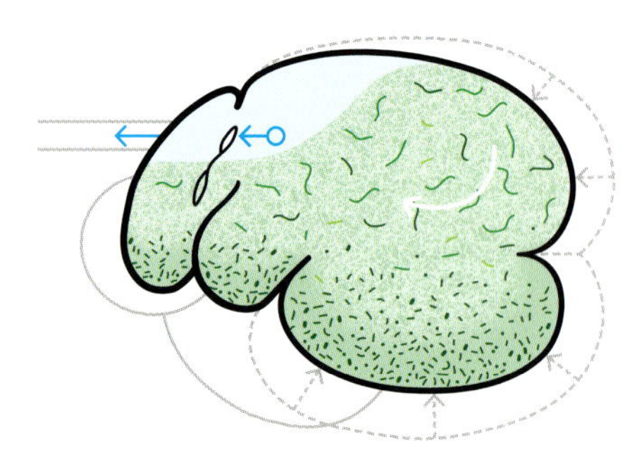

5分間におよそ2回、ルーメンは大量のガスを放出する。

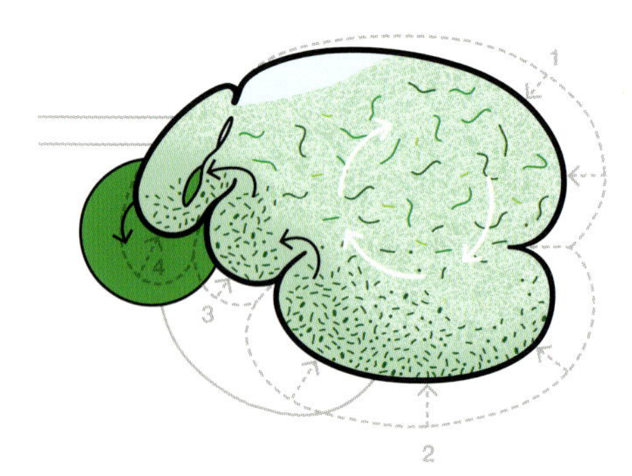

ルーメンは、いろいろな流れを作り、第三胃の方に消化物を送り出す流れも作る。消化物は、ルーメンの底にある。

流れ、速度、分解性

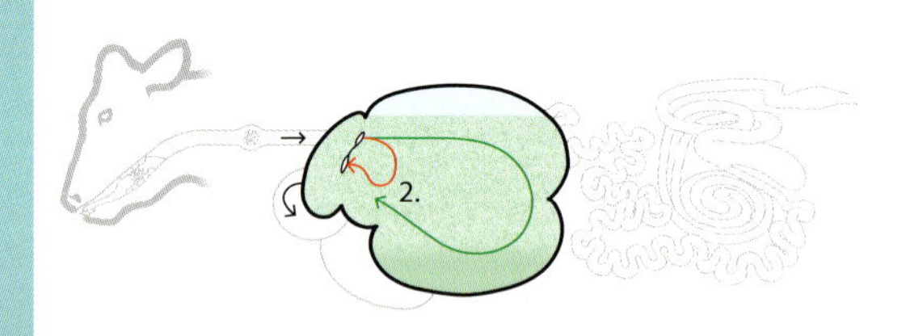

ルーメンマット（浮遊マット）は、繊維の分解物でありルーメン内の細長い食物粒子である。牛は反芻にこの繊維を使い、ルーメン内細菌が十分な時間発酵するように数回ルーメン内に戻ってくる。小さな食物粒子もルーメンマットに停留し、長い時間かけて発酵される。これらの食物の流れは、図の1（赤の線）の流れとなる。もしも、ルーメン内で薄いルーメンマットのとき、または、ルーメン内容物が部分的に酸性であるとき、小さな食物粒子はとても早く第三胃に流されていく。これらの流れは、図の2（緑の線）となる。ルーメン内で消化されない食物分画は、非分解性（ゆっくりと消化されるもの）と呼ばれる。ルーメン内で非常に速く発酵する食物分画は、易分解性と呼ばれる。ビール粕やビートパルプのようなスロープロダクトはとてもゆっくりと発酵されるためルーメン内pHを安定させる。

ルーメンマット（浮遊マット）

ルーメン内のルーメンマットは0.8cmより長い粒子で構成される繊維で形成されている。それらは植物を構成する炭水化物であり、セルロース、ヘミセルロース、およびリグニンである。それらの発酵に時間がかかればかかるほど、ルーメンマットの形成に役立つ。繊維中のリグニン量によりどれくらいゆっくりと発酵が進むか決まる。リグニンを多く含む飼料は触ると硬くチクチクした感じがする。牛はその飼料を通常長時間噛み続ける。繊維量が多いビール粕、牧草やワラをつぶしたような分解時間のかかる場合でも、0.8cmより短い飼料はルーメンマットの形成に役立たない。

エネルギーとタンパク質の比率

ルーメン内微生物は、増殖しながら食物を発酵する。ルーメン内微生物は、成長するために適切な比率のタンパク質とエネルギーが必要である。窒素は、微生物を構成するタンパク質の重要な材料である。もしも、ルーメン内に利用できるタンパク質がとても少ない場合、発酵速度がゆっくりとなる。次に、ルーメン内微生物はできるだけ窒素を使いすぎないようにするため、乳中の尿素レベルは低値となる。ルーメン内微生物は尿素やアンモニアのような窒素源からタンパク質を生産することができる。これは反芻動物の特徴の1つである。

エネルギー源としてのタンパク質もよく利用されるため、エネルギーも発酵の1つの制限物質となることがある。ルーメン内微生物がタンパク質を利用する時には、窒素はアンモニア（NH_3）として放出される。アンモニアは有毒であり、肝臓で尿素に変換される。この過程で、多くのエネルギーを消費しながら産生されたアンモニアを尿素に変換する。ルーメン内の過剰なタンパク質は好ましくない。なぜなら、肝臓に負担をかけるだけでなく、タンパク質飼料は高価であるからである。

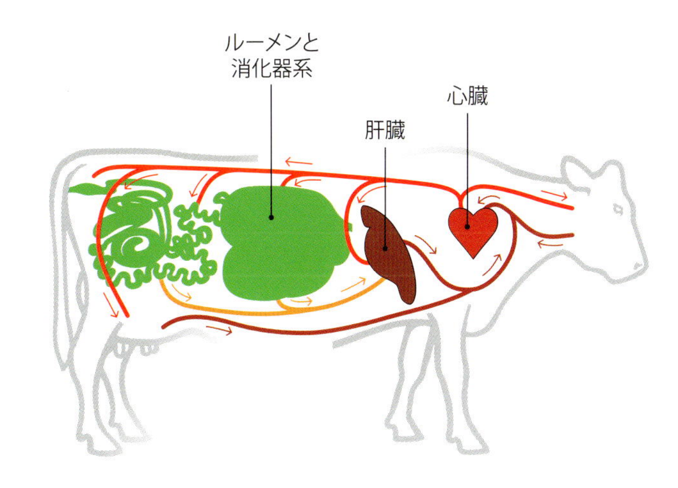

胃および腸管からの血液はすべて最初に肝臓に流れ込む：1時間に1,000～1,500リットル。有毒で使用できない物質を使用できる安全な物質に変換するためである。例えば、プロピオン酸からブドウ糖、脂肪酸からケトン体、アンモニアから尿素への変換である。

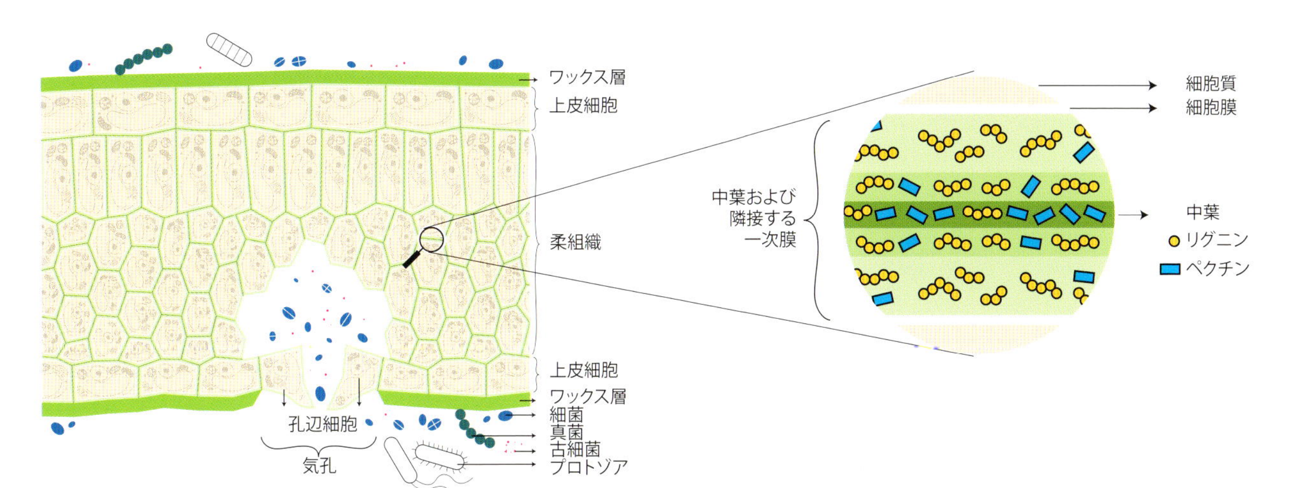

植物細胞は、細胞膜と細胞壁によって囲まれる細胞質から成る。細胞壁はセルロースとへミセルロースでできていて、ペクチンで接着している。これらの炭水化物すべてが発酵される。植物が成長するほど、細胞壁の構成物中にリグニン（木質材料）が多くなる。

ルーメン内で飼料が長くとどまるほど、ルーメン内微生物は多くの細胞壁に到達し、セルロースを分解する。細胞質は細胞の栄養物のおよそ半分含む。特にタンパク質、糖、ミネラル、ビタミンである。

このふんは薄く未消化の食物が含まれている。トウモロコシの実とトウモロコシのかけらが含まれる。飼料がとても速くルーメンを通過したため、小腸と大腸は大量のトウモロコシでんぷんを消化することができなかった。

この牛のふんはとても高さがある塊である。馬ふんのように見える。ルーメン内で利用できるようなタンパク質やエネルギーはとてもわずかである。乾乳牛で時々見られる。十分にルーメンが充満していることが多いが、エネルギー不足により体重の減少がおこることがある。

飼料摂取

牛が食べることができる餌の量は、主に消化器系の容積で決まる。消化管内に他に何も入っていないときを想定する。発酵しやすい飼料はより早くルーメンを通過するため、より多くの量を食べることができる。

しかし、牛が餌を食べる時間の長さと飼料の嗜好性も、役割を果たしている。搾乳牛は、1日に平均体重の3%の乾物を食べる。平均的なホルスタイン経産牛は、1日に21kgの乾物量となる。

多くの乳生産＝ルーメンアシドーシスの高い発生率

多くの乳生産のためには、多くのエネルギーとタンパク質を牛に給与しなければならない。乾物1kgあたりにエネルギーが高濃度含まれる飼料を給与することである。これらの飼料の多くは、ルーメン内ですばやく多くの酸を生産する。したがってルーメンアシドーシスの危険性が高まる。近年乳牛への飼料給与法の重要な考えは、健康を害することなくたくさんのエネルギーを適切に摂取させることである。とても低いルーメン内pHと、とても速く腸にまで通過するでんぷんは、主要なルーメンアシドーシスのリスクである。

乳生産のための栄養消費

1日50kgの乳生産をする牛
(50×4.6% =) 2.3 kg 乳糖構成内中のブドウ糖.
(50×3.2-3.6% =) 1.6-1.8 kgタンパク質
(50×3.8-4.6% =) 1.9-2.3 kg脂肪

これらの物質と乳生産に必要なエネルギーが加えられる。ブドウ糖は肝臓によってプロピオン酸から作り出されるか、小腸で迅速に消化されるでんぷんから生成され吸収される。エネルギーがとても少ないと、乳タンパク質源としてブドウ糖生産に筋肉のタンパク質を利用する。多くはないが体脂肪からタンパク質を作ることもできる。

ルーメンでの繊維とエネルギーとのバランス

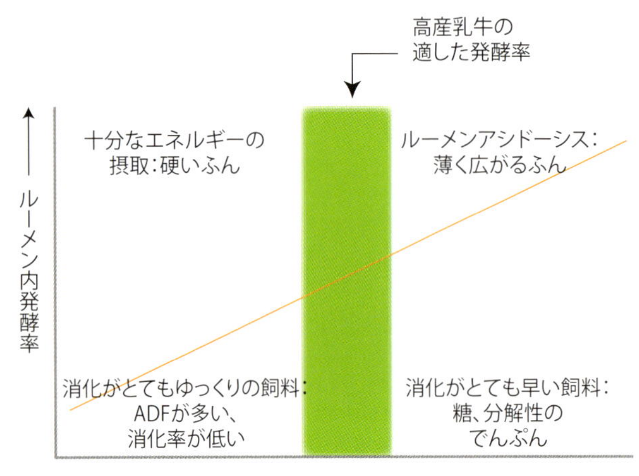

多くの乳生産をさせるために、牛にとても高エネルギーの飼料摂取を目指す。しかし、このことは採食量、飼料の利用性、牛の健康に対して負の影響を与えるルーメンアシドーシスの危険性を高める。

クイズ　高産乳牛のルーメンの健康を維持するために必要なことは何ですか。

- たくさんの新鮮な水が飲めること
- 1日を通して飼槽に新鮮で嗜好性の高い餌があること
- 飼料中に十分な繊維が含まれていること
- 牛がストレス無く簡単に飼槽に行くことができること
- すべての牛が同時にストレス無く食べることができること
- どの牛も食べることに多くの時間を費やすことができること
- どの牛も食べるときには同じ餌を食べることができること
- 牛はストレスや苦痛が無く、健康で十分休息ができること

飼料摂取に関係する咀嚼(噛む)時間

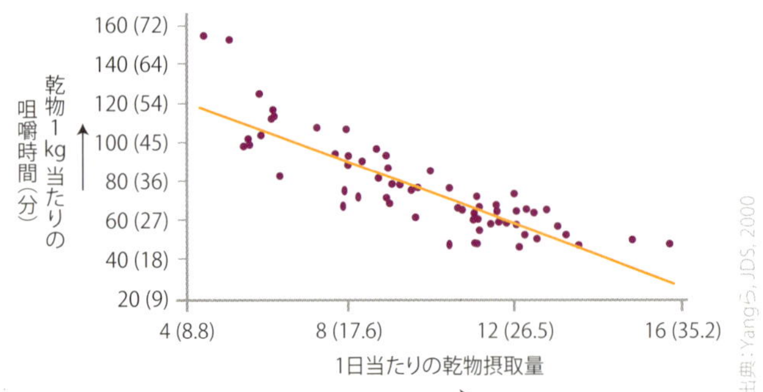

飼料摂取量の増加に伴い、乾物1kg当たりの咀嚼時間が短くなることを意味している。高産乳牛は多くの飼料を採食する。したがって相対的にほとんど咀嚼していないことになる。健康を維持するためには、1日を通して12回以上、少しずつたくさん食べて、長く咀嚼する必要がある。

ルーメン内pH

あらゆる食物は、結果としてルーメン内のpHを低下させる。炭水化物の発酵は、ルーメン内のpHを低下させる遊離脂肪酸を産生する。ルーメン機能はpH6.0以上で最適であり、pH5.8を下回るとルーメン酸性の最適範囲下限以下であり、pH5.5を下回ると甚急性のルーメンアシドーシス（SARA）を意味する。ルーメンアシドーシスは飼料の採食回数をより減少させルーメン壁に傷害を与える。ルーメンは内容物の通過を早め、粗繊維を発行するバクテリアが低いpHで不活性化する。ルーメン壁を介した酸の吸収は、ルーメン内の正常なpHレベルで維持されている最も重要なメカニズムである。ルーメン乳頭の表面のルーメン壁細胞の代謝能力に依存する。

酸に対応する能力は、牛によってさまざまである。

ルーメンアシドーシスに気をつける時期：泌乳初期

分娩直後のルーメン壁は、揮発性脂肪酸を吸収する能力が最大に達していない。ルーメン乳頭が最大サイズに達するのに開始時期によるが2～3週間かかる。最大の吸収率に達するためには、さらに時間がかかり、分娩後8週までかかる。したがって、ルーメンアシドーシスの発生の危険性が高いのは分娩後の8週間である。吸収能力は、生産された揮発性脂肪酸の影響を受けて増加する。したがって、乾乳牛には、移行期（分娩の3週前から）に、とても速く発酵する炭水化物を与える必要がある。pHが安定であれば、ルーメン内で酪酸合成するバクテリアはとても少なくなる。乳酸の形成は、ルーメンアシドーシスの発生を高める1つの重要な要因である。それは、乳酸が他の揮発性脂肪酸より10倍酸性であるためである。

pHの変化

混合飼料を1日に10から14回給餌：

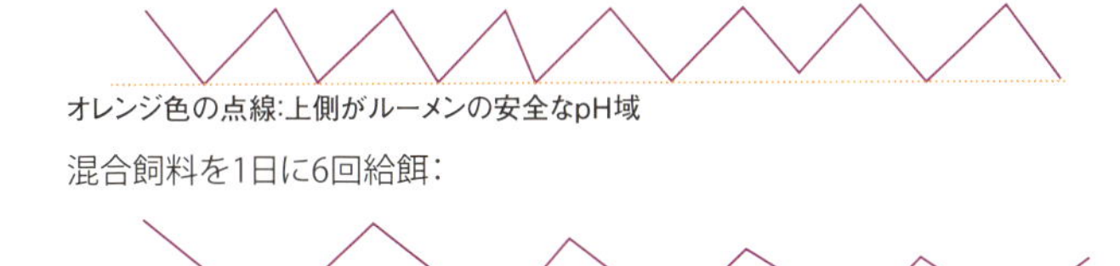

オレンジ色の点線：上側がルーメンの安全なpH域

混合飼料を1日に6回給餌：

混合不十分の混合飼料を1日8回給餌（選択採食あり）

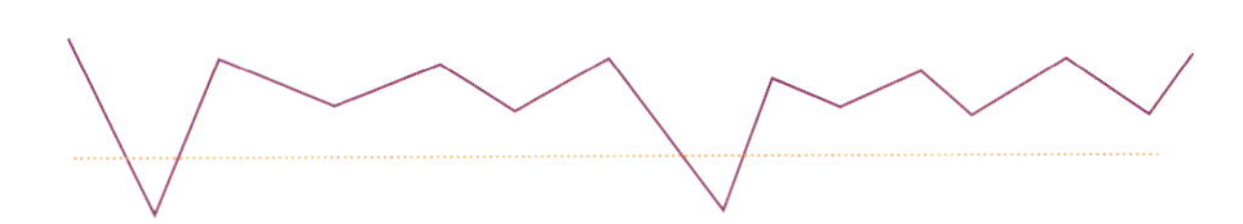

餌を少しずつ多くの回数食べる牛は、採食ごとの酸の産生がより低く抑えられ平均pHがより高く維持され、pHが安定的である。発酵が速い飼料の急激な大量摂取は、pHの急激な低下を引き起こし、採食していない時間まで続く。

速く発酵する糖とでんぷんの流入：
採食ごとの量
緩衝作用のある唾液の流入
反芻活動
ルーメン壁を通した脂肪酸の吸収
ルーメン乳頭の長さと能力
第四胃への移行圧力に対する安全弁
血液からの緩衝作用

ルーメン内pHを決定するプロセス。ルーメン内容物が適切に混合されないと、pHは所々で低下している。ルーメン内容量も、緩衝としての働きをする：ルーメン内の内容物が多いほど、採食後のpHの低下をより低く保つ。飼料中の生きているイースト（酵母）は、乳酸の生産を和らげることによって、ルーメン内pHを保護することができる。

乾物摂取量とルーメン内pH

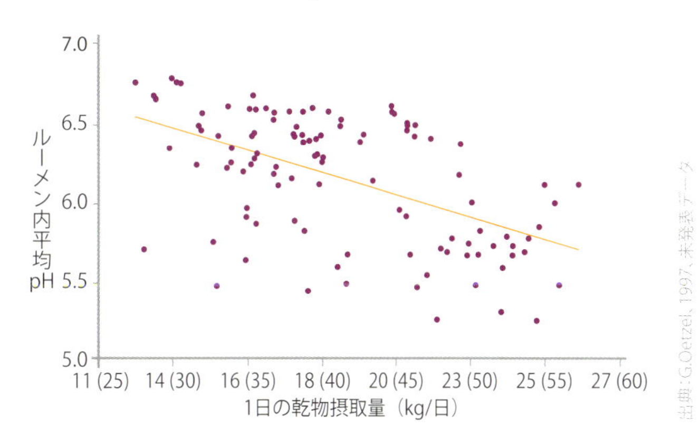

このグラフから、エネルギーを十分含む乾物をたくさん食べることが、よりルーメン内pHを低下させることになる。急激なpHの低下を避けるためには、動物が1日を通して分散させて餌を少しずつ食べさせなければならない。

適したルーメン内環境

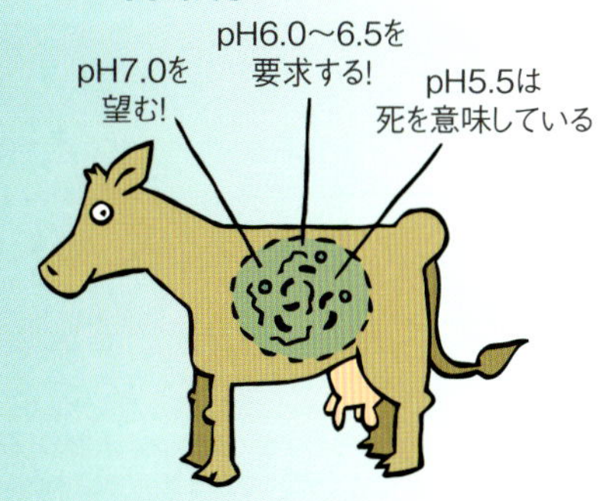

最適なルーメン内環境は、最も健康なルーメンと一身体の健康状況が作り上げる。給与飼料の変更は、ルーメン内微生物のバランスを妨げる。セルロースを発酵するルーメン内微生物は高いpH環境を最適生存環境としている。でんぷんと糖を発酵する微生物はわずかに低いpHを好む。pH5.5を下回る環境ではある微生物は死滅する。飼料中の生きているイースト（酵母）は乳酸を消費するためpHの低下を軽減する。

第1章
採食

理想的には、牛は、1日を通して12回に分けた同一の食事を食べることが望ましい。たくさん咀嚼し、選択採食にならないようにする。多くのミルクを生産している牛ほど、このことはより重要となる。牛が多くの回数に分けて餌を食べ、落ち着いて咀嚼ができるためには、飼槽の場所は行きやすくストレスもなく食べることができなければならない。飼料はいつでも嗜好性が高く、2回以上給餌をして、餌寄せを行うことは、多くの餌をまとめて食べさせないことにつながる。新しい餌の給与は、いつでも牛の採食行動を促す。そして、たくさん餌を食べるということは、たくさん水を飲む必要があるということである。

手前の黒い牛は耳を後ろに向けてわずかに頭を動かし、後ろの牛に威嚇のメッセージを送っている。奥の白い牛は威嚇に対応しない。これは白い牛が黒い牛の優位な地位を認識しているためである。社会的な関係や優位性を確認することは、採食や飲水をするときにとても重要なことである。

餌を少しずつ、たくさん咀嚼する

牛は、1日を通して均一に多くの回数に分散させて食べなければならない。毎回の採食で少しずつ食べることは、ルーメン内をいっぱいに保ち、採食後のpHの低下を最小限に抑える。適切な飼養環境であれば、乳牛は1日に10から14回程度餌を採食する。とても生産能力の高い牛は、1日に14回採食する。

牛は、以下の場合、最適に餌を採食している。

- 嗜好性の高い飼料を楽に食べることができる。
- 急いで食べに行く必要はない。
- 快適に食べることができる。
- 健康であり、痛みとストレスから解放されている。
- 規則的であり、決まった手順になっている。
- 他の牛たちと同時に一緒に食べることができる。

一緒に食べて、一緒に休息する

一緒に食べることができずグループから外れた牛は、食べるときにとても急いで食べて、食べる量も少ないことが多い。横になって休息することが少なく、肢に余分な負重がかかっていることになる。

常に適正に設計された嗜好性の高い餌がたくさんあるならば、食べるためのスペースが少ないことの影響は限定的になる。しかし、餌が少ない、餌が食べにくい、または牛が選択的に採食をする場合、牛は優先権の争いを行い、弱い牛または順位の低い牛は病気になってしまう。結果的に、この牛に携わる労力も経費もかかり、生産力の低いとても問題のある牛になっていく。このことは、乾乳牛群で最も大きな影響があり、低い乳生産の牛で最も影響が少ない。

中心となるグループと一緒に採食しない牛は、そのグループが休息しているときに採食する。とても急いで食べるため、ルーメンアシドーシスになりやすくなり、餌の利用率も低くなる。ほとんど食べないこともあり、体重のかなり大きな減少やケトーシスの要因となる。

牛は餌がおいしいかどうか、主に鼻を使って、においをかぐことで決めている。

混合された飼料の採食（食べること）

牛はすべての飼料が混合された餌を一緒に食べていないときには、急速に消化される餌の成分を食べる傾向がある。

これは、一時的にルーメン内pHが下がる原因となり、飼料はとても早く小腸にまで達する。一般的に後からルーメン内に来る飼料は、ルーメン微生物が必要としているすぐに利用ができるエネルギー、またはタンパク質をほとんど含んでいないため、ゆっくりと消化される。

特に、グループの牛が同時に餌を食べることができない場合は、選択採食が起こり、牛の間でより多くのあつれきを生む。

給餌回数を増やし分離しない餌を給与

給餌回数を増やすことは選択採食を起こりにくくする。また、採食時の唾液の混入や熱による影響を受けにくいため、飼料の成分も嗜好性の高いままである。飼槽に飼料がほとんどないときには餌から濃厚飼料を選び出すことができなくなる。牛が食べなければならない時間の長さは、餌のふるい分けに影響しない。

できるだけ多くの乾物を採食

牛が最大どのくらいの乾物を採食するかは以下のことで決まる。

1. **飼料の消化率**
   とても早く消化される餌はルーメンからすぐになくなってしまう。
2. **飼料の量（容積）**
   とても水分量が高い、乾物率が30～35％未満となる飼槽上の餌、またはビショビショに湿った牧草または乾乳後期の飼料のようにガサ（容積）の多い飼料は、牛の空腹を満たす前にルーメンを満たしてしまう。
3. **餌の嗜好性**
   食欲をそそるような餌でも、食べる量に限界はあるが、おいしくない餌は、ほとんど食べなくなる。新鮮な餌の供給は、牛を飼槽に誘導する。
4. **ルーメンの問題、病気、痛み**
   快適ではない、ストレス、そして不安のすべての原因が、採食量を低下させる。

写真クイズ　気がついたことは何ですか。あなたならどうする。

この牛は、両後肢をかなり前方に移動して立っている。両後肢は外側に開いており、右の後肢に負重がかからないようにしている。これは、蹄底出血を強く疑う蹄のシグナルである。

快適性の低い牛床と起立時間の長期化（高い負重）が関連する、ルーメンアシドーシスと重度の体重の減少（蹄角質の質の低下）が根本的な原因である。牛の治療を行い、原因となった問題に取り組むべきである。

自動餌寄せシステムは、いつも飼槽に餌があるため、牛に休息と日常の行動を保障する。

たくさんの水を飲む

牛が新鮮な水を飲みたいとき、水の味とにおいは、飲水量に大きく影響する。水中のミネラルと不純物に目を向けて、適切な水源であることを確認する。牛は1日に6～14回、水を飲む。搾乳後の1時間以内に30～50%の水を飲み、それ以外大部分は採食後に飲む。短時間に一気に水を飲み、45秒間に最高15リットル飲む。また、水温が17～27℃の間の水を好んで飲む。開放的で低い高さ(50cm)の水槽で、他の牛と一緒に水を飲むことを好む。

グループ内の少なくとも10%の牛が同時に水を飲むことができるか、水槽が分散して配置されているか確認する。もう1つの経験則では、大きな水槽の場合20頭に1つ、高水流飲水器は10から15頭に1つ、舌で弁を開くボウル型水槽は5頭に1つである。牛は1分以内に15リットルの水を飲むことができるようにすべきである。すべてのグループに少なくとも2ヵ所の飲水場所と、1ヵ所が汚れていたり作動していない場合のための予備の飲水場所1ヵ所が必要である。水槽の適した設置場所は、搾乳後に水分が必要なためパーラーや搾乳ロボットから帰るところである。

牛は、乳生産1kg当たり4～5リットルの水を必要とする。餌には30～60リットルの水が含まれているため、それ以外を飲水により確保する。ほとんど水を飲まないと、飼料摂取量が低下する。ルーメンアシドーシスはルーメン内容物を希釈するためにより多くの水を飲む原因となる。

1日の飲水量(リットル)

経産牛 635 kg	産乳量 kg/日	周囲温度 < 4°C	15.5°C	27°C
	9	45	55	68
	27	83	99	199
	36	102	121	146
	45	121	143	173
乾乳牛	体重 kg			
	635	37	45	61
	725	39	48	65
育成牛	体重 kg			
	91	8	9	12
	181	14	17	23
	363	24	30	40
	544	33	41	55

出典：D.E. Falk, アイダホ大学, 2006

舎飼い牛による異なる周囲温度での飲水量。暑い期間は、水の需要と供給を合わせる必要がある。

少なくとも1週間に1回水槽の清掃を行う。ブラシを用いてすべての部分からぬるぬるしたバイオフィルムを取り除く。汚れや細菌の生育は水の味も悪くし、感染源となることがある。

高水流飲水器は1分間に15～20リットルの水を供給することができなければならない。もし、水槽を水でいっぱいにして水をあふれさせバケツに水を受けて、40秒以内で10リットル、60秒以内で15リットルに満たなければならない。

クイズ　最初に何が思いつきますか。

飼槽には十分量のよい餌があるが、ルーメンが凹み神経質な牛がいる。すぐに、水の給水をチェックしなさい。十分な量の水が確保されているのか?

はっきりとした原因はなく生産量が低く、採食量も低い牛がいる。水は新鮮で嗜好性はあるか?　検査機関にそれを送り、においとその味をチェックしなさい。

時間がないこと＝より早く食べること

あなたの牛は待つために費やす時間をどれくらい強いられているか？　飼槽、ストール、搾乳ロボットに行く際の待機、搾乳前、搾乳後の待機のような時間である。採食、飲水、休息場所に自由に行く事ができない時間が1日3時間以上の搾乳牛は、時間が不足する。その場合、牛はより急いで採食し、ほとんど咀嚼せず、社会的な行動をする時間もほとんど持たない。1日に費やす時間の優先順は、休息、採食、飲水、そして社会的行動である。横になることが最も優先順位が高い：毎日、同じように時間を費やすようにする。

平均的な牛の1日の活動

活動	時間
採食	4～6時間(9～15回採食)
休息	12～14時間
社会活動	2～3時間
反芻	7～10時間
飲水	0.5時間
その他(搾乳、人の干渉、など)	2.5～3.5時間

高産乳牛は1日に平均14時間横になり休息する。食べている時間の合計は、平均乳量の牛と変わらないが、食べる速度が速く、多くの餌を食べる。

写真クイズ　いつ飼槽が空くのか？

1頭の牛は食べるためにできる限り首を伸ばしていて、他の5頭は餌に興味を示さず飼槽に首を入れたままでいる。飼槽の餌はおいしくないようである。飼槽は空ではないが、牛は食べようとしていない。再度、給餌するときまでに飼槽にどのくらい餌が残っているか(残滓量)は、主に餌の嗜好性に依存する。餌の嗜好性が高い場合、3～5%以下の残りであれば、飼槽は空といえる。この写真の場合は、飼槽に10%の残りがある場合には空の状態とする。

1日に2回搾乳している、搾乳毎に1時間以上待機させるべきではない。1日に3回搾乳している場合は45分である。跛行牛や弱い牛はパーラーに最後に入るため、食べる時間、横になる時間をより多く失う。

搾乳後、飼槽のスタンチョンで固定していると、牛は30から45分の間採食する。それ以上、ロックされていることは牛を苛立たせ、拘束することになる。発情の牛をチェックして人工授精など必要なことを、できるだけ速やかに実行する。45分後には、乳頭管は完全に閉塞する。

もし、牛がこの飼槽ですべて食べ終えなければならないなら、しばらく食べるものが何もないであろう。次の給餌のときに、いつもより多く食べるため、ルーメンアシドーシスのリスクが増加する。

飼槽フェンスへようこそ

飼槽フェンスは、牛を飼槽内に入れないようにする。食べることを思いとどめないよう、牛に不便さを与えてはならない。飼槽壁を低くし、ネックレールを設置することが、最もよい解決方法である：牛の進行方向にものがなく、音が立たない。

不利な点：すべての牛の肩甲骨間の隆起に打撲傷を負わせないように、ネックレールを設置することが難しく、飼槽側に抜け出る牛もいる。

自動に閉鎖する飼槽のフェンスは、牛を拘束する目的でも使用でき有用である。牛はネックレールよりも飼槽フェンスの方が他の牛を押したりすることが少ない。

不利な点：フェンスの構造と寸法の間違いによる危険性。

角のある牛はネックレールまたは上部が開放している飼槽フェンスでは安全に食べることができる。それ以外の飼槽フェンスでは、角を打ちつけ、折ってしまうことがよく起こる。

飼槽では、ネックレールと個別飼槽フェンスとの間に飼料摂取量の違いはないという研究報告がある。牛が飼槽フェンスに慣れていないなら、以前のように食べるようになるまで2～3週間必要である。分娩後に飼槽フェンスを使用するならば、育成牛のうちに個別の飼槽フェンスに慣らしておく必要がある。

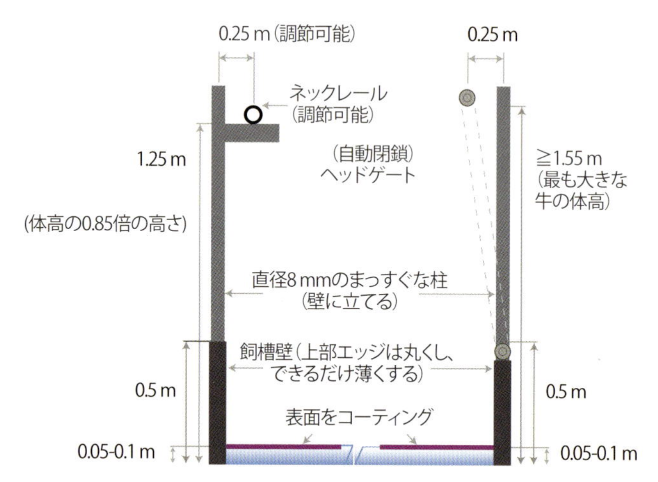

成牛（体高1.47m）の個別のヘッドゲートとネックレールの基準となる寸法。採食場所での1頭当たりの幅：搾乳牛70cm、乾乳牛80cm以上。（p.34も参照）

この飼槽フェンスは、2ヵ所（矢印）に外傷を引き起こす。この様な傾いたタイプの飼槽フェンスから頭を抜くのは難しい。そのため餌を引き寄せることがほとんどできない。飼槽フェンスが牛のサイズに良く合っていることを確認すること。

写真クイズ　何が見て取れるか？　そして、何をするべきか？

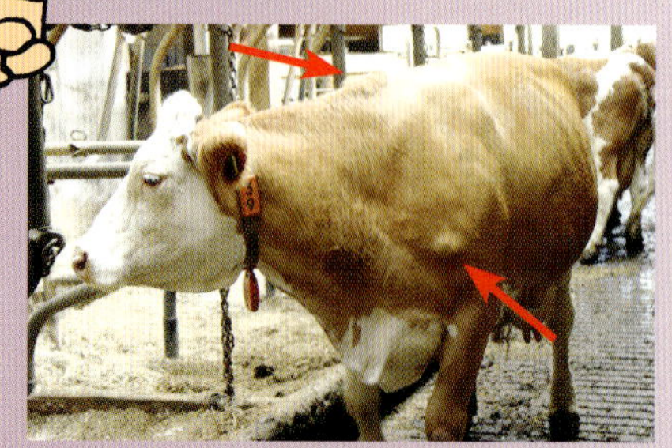

牛の肩の部分に圧迫によるコブがある。このコブは堅い構造物に押し付けていることによりできる。この原因は、たいてい飼槽フェンスにある。餌からおいしい部分を選んでいる牛にも起こることがある。

飼槽の手前に餌がない。食べることができないため、牛が遠くに体を伸ばし、飼槽フェンスに強く体を押し付けなければならない。短い首の牛は十分に食べることができないかもしれない。頻繁に餌寄せをしなければならない。

首を伸ばしていることは、牛が遠くにある餌により嗜好性の高いものを探し求めていることを伝えている。牛が食べていないか、少ししか食べていないならば、これは、餌の嗜好性が低下していることを意味する。牛が餌をかき回して食べているならば、選択採食をしているかもしれない。

快適ではない飼槽フェンスのシグナルズ

ここでは、牛が立っている場所と飼槽床面が同じ高さになっていて、飼槽壁が厚く、飼槽フェンスは垂直である。
牛が、容易に届く場所に十分な餌がないことになる。1日に5〜8回の餌寄せをしなければならない。

この首のように圧迫によるコブは、体の堅い部分が飼槽フェンスの部分に押し付けられて生じる。この飼槽フェンスのネックレールは、とても低い。一般的には、最も大きな経産牛の体高より5cm高くする。

ここでは、牛が飼槽フェンスの垂直の支柱に肩(肩甲骨)を押し付けている。この牛群では、左肩に擦り傷のある牛が数頭いる。上部の開口部は垂直の支柱との間に少なくとも32.5cmの空間をとる必要がある。

光り輝く支柱は、牛が頻繁にその支柱に体を押し当てていることを示し、その飼槽フェンス部分が行動に制限をかけているかもしれないことを示す。肩(肩甲骨)の毛のスレは、快適ではない情報の1つである。この飼槽フェンスは、ここの牛にとってとても小さい。

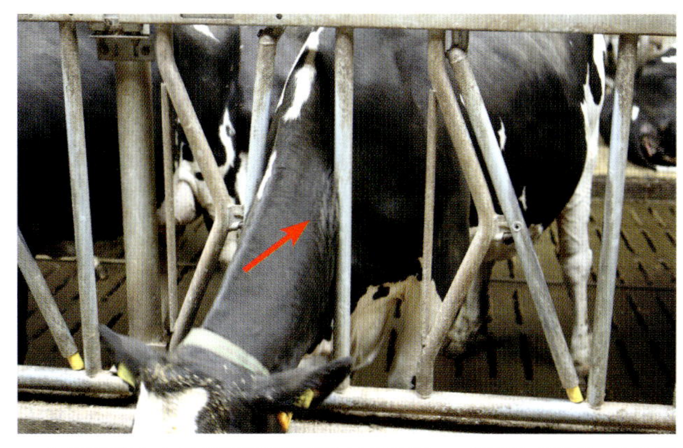

この飼槽フェンスの頭の開口部はとても狭い。何頭かの牛は、首の皮膚の毛がはげていたり、肥厚が見られる。成牛のホルスタイン経産牛の基準寸法:22cm

牛は放牧されているときのように頭を下げて餌を食べなければならない。高い位置にある飼槽から餌を食べなければならない場合、餌を咀嚼する回数が少なくなり、唾液の産生もほとんどなくなる。

優位性と空間

優位性の確認のための争いにより、結果的に、より低い順位の牛はほとんど食べず、食べるときにはとても速く食べ、採食回数も少なくなる。あらゆるグループの牛は、どこで、どの順番で食べる、水を飲む、横になることを決める序列を持っている。より低い順位の牛は、これに従わなければならない。高い順位の牛たちは、順位の低い牛たちに、立ち去るまたは順番を待つような序列を示す行動を要求する。

餌がとても少ない、横になる場所がとても少ない、または採食する場所がとても少ないならば、高い順位の牛たちはよりはっきりと自分の順位を主張するようになる。牛たちはとても攻撃的になり、他の牛を追い払う傾向が強くなる。水飲み場をふさぐ行動も、優位性を示す行動の1つである。

グループの変更

ある牛がグループを変更したとき、通常は乳生産が1日最大6kgまで低下する。このことは、飼料の変更、日常受ける作業や牛床の変更、そして新しいグループ内のあらゆる社会的な争いの複合的な影響による。初産牛は通常序列が低く、その状況に最も耐えなければならない牛である。

グループに新しい牛を複数頭同時に導入する。新しい序列が決定するまで、グループ経験のある牛はおよそ2日、経験のない牛はおよそ4日かかる。週に1回牛を移動するならば、牛間の緊張は2～4日続く。週に2回牛を加えるならば、社会的な不安定が持続する。14日に一度の移動ならば、10～12日間の平穏な時間を与える。

2～3週間後には、すべての牛は新しいバーンや日常受ける作業に慣れる。ルーメン内微生物も適応しなければならない。順応する期間に、給与される飼料の内容、採食する飼料の量が変化するならば、ルーメン内微生物の適応にも最高3週間かかる。

初産のグループを分ける利点 経産牛混合グループとの比較

採食回数	+ 9%
飼料摂取	+12%
採食時間	+11%
横になる時間	+ 9%
横になる回数	+19%
乳量	+ 9%

これらの数値は、複数の研究結果から導いた初産牛を分離したグループの1日の平均値である。小規模の農場では、初産のグループに体型が小柄な高産次の牛を加えることもできる。牛床と飼槽フェンスは、この小柄牛のグループではわずかに小さく設計することもできる。

写真クイズ　何が見てとれるか？なぜ起こっているのか？何を意味しているか？

どのくらい近づくと牛が離れるかにより。牛がどのくらい人を怖がっているかを読み取れる。この初産牛はおびえているようではない。距離を保ち、人の存在に神経質な動物は、より多くのストレスや、不安な反応、隠れる行動、ほとんど横になれない、ほとんど食べていないことに苦しんでいる。穏やかな牛は、扱いが容易で、一緒に働きやすく、多くの乳を生産する。

牛を扱う作業者は、予測ができるように穏やかに牛の扱いをするようにしなければならない。毎日、動物の間を歩くことにより人になれるようにする。これは、子牛のときから始めるようにする。

歩くことに問題がない

牛の肢が健康でない場合、採食量低下の問題がよく発生する。軽度な跛行を伴う牛は、回復を促すために、横になるために快適な以下のような場所が必要である:深く敷料が敷かれたストール、砂のストール、または麦稈の敷かれたペンなどである。跛行の牛は餌と水が近くにある麦稈の敷かれたペンまたは放牧場での管理がよい。

軽度な蹄の問題を持つ牛は、採食の回数が少なく、1回に食べる量が多くなる。したがって、より急いで食べて、ほとんど咀嚼しない(カタメ食い/スラッグフィーディング)。重度な蹄の問題を持つ牛も、1日にわずかな量の乾物摂取量となる。そのような牛は、体重減少、ケトーシス、不受胎、一連の健康上の問題発生の危険性が大きくなる。

移動のルートが安全

牛が飼槽、水槽、休息場所に行く頻度は、移動ルートがどのくらい広々としているか、床がどのくらいしっかりとグリップがあり滑らないかによる。移動ルートの狭いところでは、低い順位の牛は優位な牛に道を空けることができず、自由に通れるようになるまで待っていなければならない。不十分なグリップの場所は、慎重にその場を歩かなければならず、牛が歩き回ることを妨げている。

十分に横になれる

すべての牛が1日に少なくとも12時間横になれる必要がある。そのため、牛がすぐに行ける範囲内に、快適で横になる場所が必要である。横になる場所が快適ではない場合、ストレスや肢の問題発生の原因となる。牛の数より横になる場所が少ない場合、順位争いが増加し、低い順位の牛がほとんど横になる時間が取れなくなる。牛たちは横になるために長い列を作り、食べている時間が短くなる。横になる時間が十分ではない牛は、とても急いで餌を食べているようすが頻繁にみられる。

傷ついた飛節、ストール内に立っている多くの牛、ストール内の明らかな障害物:これらは横になる時間が不十分なシグナルである。

快適に歩き回ることができる環境要因(成功要因)

十分とらえることができる(グリップが利く)床

牛はツルツルの床は滑りやすいのでとても怖がる。

いつでも逃げるルートがある

低い順位の牛は袋小路の通路では逃げる手段がなくなる。これは、間違いなくそれらの牛のストレスを増大させイライラさせる。

障害物がない

牛が歩いて通るのを困難にする、または肢をぶつけてしまう障害物。これらは、順位争いのとき、牛が追われるとき、および、滑りやすい床のバーンで、大きな問題となる。

健康な肢

肢の問題は、牛がほとんど餌を食べない原因となる。これは、蹄底潰瘍ののようなとても痛みを伴う状況で特にはっきりとする。しかし、痛みの過程はどのようなものでも、食欲を減らし、多くのエネルギーも浪費する。

暑熱ストレス対策：21℃活動計画

暑熱ストレスは、食べないで立っている時間が長くなる原因となる。唾液の産生が少なくなり、呼吸（パンティング）による重炭酸塩の喪失によりルーメン内緩衝作用が低下する。ルーメンアシドーシス、ケトーシス、蹄底出血の発生リスクが5月1日から9月1日の間増加する（訳者注：オランダの場合であり日本国内では異なる）。

危険なグループ：移行期の牛、分娩直後の牛。

一番危険な場所：搾乳待機場所（ホールディングエリア）

暑熱ストレス時のカウシグナルズ

夏季の行動提案

涼しい場所と冷却

- 牛舎屋根の断熱
- 体系的に扇風機（ファン）の初期化、調節、清掃
- 放牧場に広い日陰の場所の作成

夏季の飼料調製

- 易消化性の粗繊維を多くする（例：ビートパルプ、大豆の外皮）
- 乾物1 kg当たりの粗タンパク質を少なくする（ルーメン内非分解性タンパク質の比率を高める）
- 乾物1 kg当たりの脂肪含有率を高くする（最大で6％まで）

夏季の飼料添加物

- 重曹（重炭酸ナトリウム）（150～200 g/頭/日）
- カリウムとナトリウム（それぞれ、飼料乾物中の1.5％と0.55％）
- 抗酸化物質（ビタミンA、ビタミンE、セレニウム、銅、亜鉛）
- 酵母
- 陽イオン/陰イオンバランス：+250 mEq/乾物1kg

飲み水の管理

- 開口部が広く、大きな水槽が望ましい
- きれい、おいしい、飲水しやすい水
- 牛舎内：急速流水水槽（20リットル以上/分）は15頭に1個、貯水タイプの水槽（50リットル以上）は20頭に1個
- 放牧場：グループの10％の牛が同時に飲むことができ、全体の水量が15リットル/頭/時間以上

外気温21℃からの活動提案

牛舎内を涼しく、超清潔に保つ

- 窓／天窓を遮蔽する
- 最適な自然換気と機械換気、きれいなファン
- 牛舎内、牛舎周りの換気を妨げる障害物を除去する
- 牛舎内の衛生管理を強化する
- ハエの駆除を強化する
- 水で屋根を冷やす

牛の状況に合わせた管理

- 密集した状態で牛を移動させない
- 夜に放牧場に出す
- 日中の暑い時間帯での活動を計画しない
- 過密な状況を避ける

最適な飼料給与と水の管理

- 毎日飼槽を清潔にする
- 食べ残しが多くてもよしとする
- 給餌回数を1日の涼しい時間前（夕方、早朝）に頻繁に行う
- 1日に2回飲み水の清潔さと流量を確認する

牛を冷やす

- 牛に風を吹きかける：搾乳待機場所、乾乳牛、搾乳牛は牛床と飼槽
- 気温が19℃になるまで扇風機を回し続ける
- 26℃を超えたとき、気温が夜中20℃を下回らない場合：水で皮膚を1分間濡らし、5分間扇風機で冷やす（乳房の乾燥を維持する）

放牧：日々の管理

牧草の生育、牧草の採食は日々変化するため、放牧されている牛に適切な良い管理が必要である。

最大限の採食量を保証するためには、牧草はおいしくなければならない。

あなた自身が牧草を調査し、牛のルーメンフィルスコア、放牧場での採食行動、乳生産をモニタリングして牧草の品質を確認する。放牧場での採食行動は、どこで牧草を採食しているか、どのくらいの時間採食しているかも確認する。

牛がどのくらい牧草を食べるのか、そしてすでにどの程度食べているかを基準に草地を調整する。

放牧場での毎日のチェックポイント：採食行動、ルーメンフィルスコア、乳生産

放牧方法	何を注意して観察するか
ストリップ放牧 (strip grazing)	低い順位、弱い牛が隅に追いやられる
パドック放牧 (paddock grazing)	採食量にばらつきが生じる：新しい放牧地に対してほとんど地面が露出した放牧地
固定放牧 (set stocking)	補足する飼料を確認する：採食量と牧草の長さをチェックする。

牛が食べなければならない草が多いほど、コンディションスコアをモニターすることが重要となる。高産乳牛は、追加の飼料を与えられない場合には、牧草から十分なエネルギーを吸収できないことがよくあり、体重の減少を招く。季節分娩（季節放牧）を取り入れた完全放牧を成功させるためには、牛の計画的な繁殖が必要である。

健康

放牧は、牛をとても健康にする。第一に、良いグリップのある柔らかく安全な地面を歩くことができ、障害物のないところで寝起きをすることができる。第二に、牛は多くの運動、新鮮な空気、空間、そして日光を得ることができる。第三に、放牧地にはいつも食べる飼料があり、全ての牛が他の牛と同じ時に食べることができる。

放牧を含む飼養形態で飼われた牛は、放牧をしない飼養形態で飼う牛よりも一般に生産寿命が長い。しかし、放牧場に牛を出すことは、牛舎内が快適でなくても良いという訳ではない。

放牧草地での放牧は、いつも牛を肺虫や腸内寄生虫感染、特に集約放牧地では肝蛭や双口吸虫感染の危険性がある。搾乳牛を含むすべての年齢の牛に対して、これらの感染症対策を管理獣医師と計画を立てる。吸血昆虫にも注意を払う。

写真クイズ　**搾乳の時間が近づくと牛は放牧場の入り口の柵の前で待ち続ける。これは、何を伝えているのか？**

待つことは、牛の自然な行動ではない。牧草を食べているか休息しているのが本来の姿である。放牧地の牧草が牛舎内の飼料よりし好性が低い、または、放牧場に牧草がほとんどないことを考える。牛舎内で牛が大量の水を飲み始める場合、放牧場に新鮮な水がないことを考える。湿度の高い暑い天候の時は、避難場所として牛舎内に戻れるようにしておく。この場合には、牛舎内で給餌回数を増やす必要があることを意味している。牛を集める時間は常に注意する。毎日、正確に同じ時間に動物を集める。

第2章
保管、積込み、給餌

目的は、すべての牛が1日中、届く範囲内に正しい組成の、し好性の高い飼料を与えることである。

そして、どのような飼料の変更であっても、管理された方法で行う。このためには、いつでも給与する餌は適切な品質が保証されるように、保管されている飼料と飼槽での給与飼料の品質と量の集中的な管理が必要である。決められた方法で栄養価に不足がない餌を規定量給与する。牛が放牧場にいるときの課題は牧草のし好性と、適した放牧草の生育と採食量を維持することである。

こぼした飼料、そして腐敗した飼料部分を迅速かつ容易に取り去ることができているか確認する。こぼした飼料は、牛へ持っていく。熱を持ち、カビの生えた、腐敗した飼料は、堆肥とする。

給餌の重要な要素

給与管理の重要ポイントは以下の通りである：

1. 飼料の品質とミキシング
2. 全ての牛が常に採食できる：餌寄せと分配
3. 食べ残しの清掃

何回くらい食べるのか

給餌車両または人が餌を給与する農場では、1日2～3回の給餌で、生産量と採食量との適したバランスを達成させる。このことは、4～6回の餌寄せをすることを意味している。1日1回残渣を取り除き、飼槽を清掃する。自動給餌機を使用している農場では、1日6回の給餌回数が最適である。

1日1回給餌して夜に餌寄せをしない農場は、夜間飼槽に十分な餌があるように1日の作業の最後に給餌するのが理想的である。

日中は6～8回餌寄せを行う。

一度に全ての牛が食べることのできる飼槽スペースが十分でない場合、飼槽の全ての長さを使う。牛あたり1つ以上の飼槽スペースがあることで、1日中グループ内の全ての牛が一緒に餌を食べることができる。

給餌するとき

給餌は1日の決まった時間に、余裕を持って行う。残滓の総量に合わせて正確な給餌時間を決める：目標残滓3%。

許容できる残滓の量は飼料の品質による。残滓がまだ5から10%あるときに、食べるために待っている牛がいる場合には、多くの残滓も受け入れる。1日に2回以上給餌する場合、残滓の総量は2%を限度とすることもできる。

残滓に十分なし好性があり熱を持っていない場合、それらの残滓を育成牛のような栄養要求量の低いグループに給餌することもできる。サルモネラやヨーネ病のような病気の感染の危険性について管理獣医師と話し合っておく必要がある。

低品質の残滓は廃棄物であり、処分する。

パーラーのある農場は、牛が搾乳直後にバーンに戻り、乳頭口が閉まるまで30～45分間立たせたままにさせたい。牛は搾乳後に餌をたくさん食べるため、最初の牛がパーラーから戻る前に給餌するか餌寄せを行うようにする。

バンカーサイロやロールベールサイロ内で生じるサイレージの違い

牧草のバッチ間で品質に大きな違いがある場合、サイロ内の部分部分でも大きな違いがあるかもしれない。サイロに貯蔵する際、いつも薄い層状になるよう詰め込み、サイロの表面から広く餌を取り出すことにより、取り出した餌の間の違いを最小限に保つことができる。

牛を飼槽に誘う

新鮮な餌の給与は、牛を飼槽に来させる最大の要因である。そして、新鮮な、し好性の良い飼料がそこにあるとき、牛はそれを食べる。それほどではないが、餌寄せも牛を飼槽に呼び寄せる。

選択採食の防止

あらゆる牛が、採食時はいつでも理想的な構成成分比率である餌を食べることができるようにする。言い換えれば、できる限り選択採食をさせないようにすることである。このことはルーメン内の変化を最小限に保つ。

選択採食の防止：

1. すべての飼料はし好性が高い
2. 繊維の裁断長<6cm
3. 厳密に計量しミキサー車に積込み、撹拌する
4. 平滑できれいな飼槽床面とし、残滓はきれいに片づける
5. 乾物率50%以上の餌に対しては、湿った餌成分を取り入れるか、加水する
6. 毎日頻回給餌を行う
7. 餌寄せは1日5～10回行う

クイズ

あなたが餌を給与しようとしているが、牛は飼槽を完全に空にしていない。あなたはどうしますか?

牛がとても早く餌を食べ終えてしまう、または餌を残している場合、翌日すべての餌の割合を調節する。言い換えると、全ての餌をあるパーセンテージ増やすか減らすかして給与する。牛が多くの餌を食べている場合には、例えば、多くのグラスサイレージだけを与えることにより餌を枯渇させないようにする。また、飼槽がほとんど空になったらすぐに給餌するなど、給餌時間を柔軟にすることもできる。

給餌

給餌は、与えるべき牛に、正確に作成された飼料を与えて、損失を最小にすることがすべてである。損失の大部分は、サイロで熱を持つ、カビがはえる、腐敗することが原因である。

最も理想的な給餌を行う農場は、とても精密に、きっちりと作業を行い、毎日同じく撹拌して給餌する。

餌の品質を定期的にモニターする：

- 定期的に機械のサービスを受け調整を行う
- 注意深くサイロに貯蔵し、貯蔵物の管理を行う
- 定期的な栄養価と乾物のモニタリングを行う

ミキサー車への積込み手順

正確な積載手順を確立するためには、飼料内容、ミキサー車に応じた研究が必要である。垂直式のミキサー車の経験則として、乾燥しているものから水分の多いものの順に積載することを確認する：最初は乾燥濃厚飼料とミネラル、次に乾牧草、水分を含む牧草、最後に水分の多い製造副産物（粕類など）。塊となってしまうような、湿ったものを乾燥したものと一緒にしないことを確認する。

雨や雪の後に乾物量の定期的な測定と積載量の補正を行う。乾物率が40～36%を下回ったら餌の乾物量に10%の違いが生じる。

サイレージの重しは空気を吸い込まないようにする。そうするとほとんど熱を持つことはない。

できるだけ滑らかに断面を切り、バンカー表面の乱れを最小限に維持する。こぼれた原材料はすぐにきれいにすること。腐敗した部分、カビの生えた部分、熱を持っている部分は、積載前に捨てること。

切れ味の良い裁断機は、滑らかな裁断面をつくり、バンカーサイロの表面を乱さない。切れ味の良い裁断機、カッターと過度な撹拌により、餌の繊維価を減少させ、その餌の発酵率を増加させることができる。混合物の裁断長と有効繊維内容、ふんスコアを確認する。

水道メータは費用がかからず、牛がどのくらい水を飲んでいるか正確な情報を与えてくれる。すぐに読み取ることができる場所に設置するとよい。

飼料ミキサー車に積込む際の秘訣

飼料ミキサー車は、毎日適切な飼料を適切な場所に届けなければならない。間違いや不正確さは、乳生産、健康、飼料効果に負の影響を及ぼす。

1. プレ混合物の作成

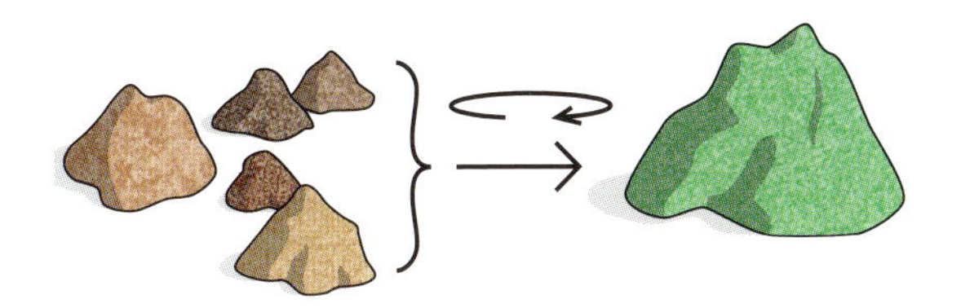

混合物は、最初にプレ混合物内に大きな誤差が含まれるようなもの（少量だけ使用する乾燥品）を加え作成する。

2. 裁断

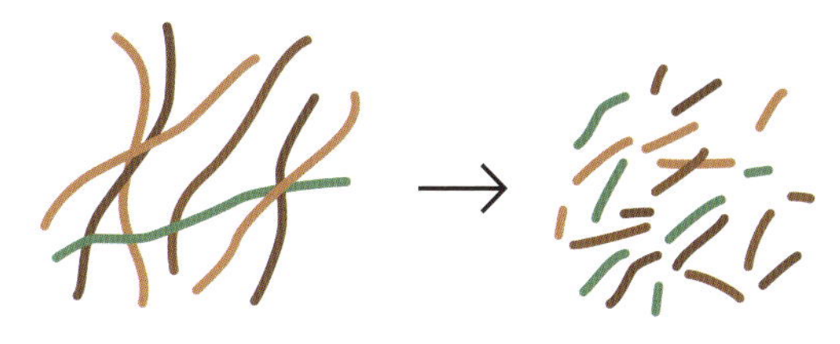

繊維飼料はあらかじめ裁断しておくか、1週間に1度ミキサー車で短くカットする（ワラ、ナタネワラ、牧草の茎など）。目標：裁断長は2～6cm。

3. 鋭い刃

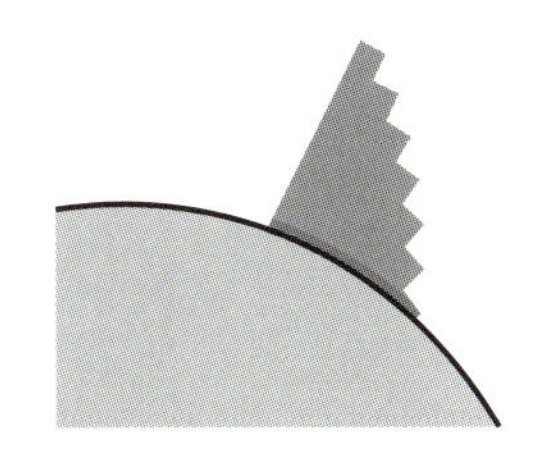

ミキサー車では鋭利な刃で作業する。長いサイレージと乾草（7cm以上）には二重反回転刃を使用する。

4. 水平レベル

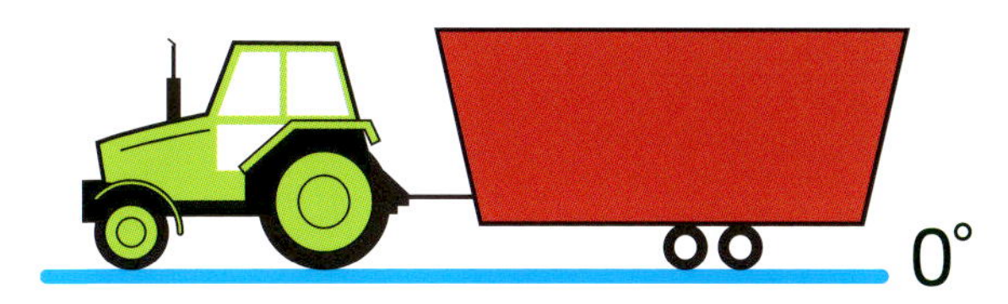

ミキサー車の水平レベルを確認する。

5. 正確な重量と質

重量と質をチェックする。

- 正確な量
- 適切な質：カビの生えた餌、熱をもつ餌を積込まない
  すべての記録を残すこと。

6. 正確に積載

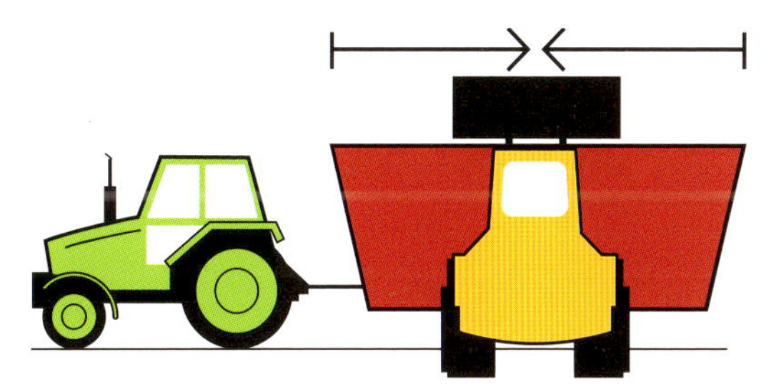

よく撹拌ができるように、ミキサー車の中央に積込む。

7. 50～90%充填

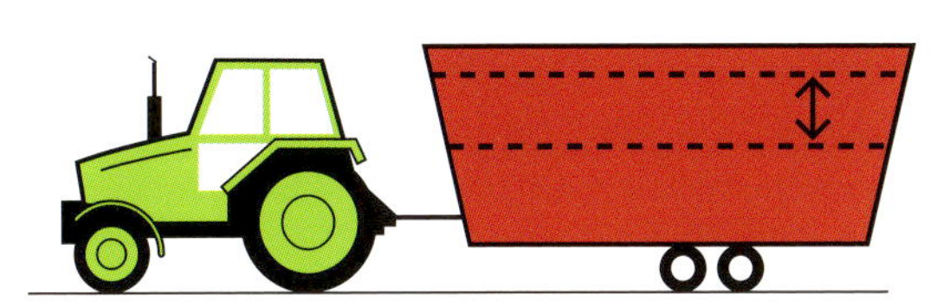

ワゴン車の50～90%充填する。

8. ゆっくりと撹拌

最後の餌を積み込んだ後に5～10分間の撹拌が推奨されている。

毎日チェックする

毎日、計算上給餌したい量を給与されているかどうか確認する必要がある。
間違っている量の給餌は、コスト、乳生産、牛の健康と繁殖に影響を与える。

自動的な手助け

管理システムとミキサー車をつなぐことができるいくつかの優れたコンピュータプログラムがある。これらのプログラムは、積込み、在庫管理、飼料分析をとても簡単に実施でき間違いが起こりにくい。例えば、積込みしすぎたときに警告をし、自動的に積込み過程を停止することができる。積込まれた物の記録を正確に残し、在庫品目リストと一致させることもできる。
作成される概要と図は、牛が何を食べていて、餌のコストがどのくらいであるのか正確に示す。

牛に毎日同じものを与える

カウシグナルズが餌に何か間違いがあることを教えてくれていて、記録に問題がない時には、餌のアドバイザーに意見を聞きそれに従い飼料調製を修正する。

少なくとも週に1回残滓の重量を測る。それから、残滓の割合と各グループ牛が正確にどのくらいの乾物重量を食べているか計算する。

湿気テスターを購入し、1週間に1回水分を含む原物飼料と給与する混合飼料の乾物率をチェックする。2%以上異なる場合（例、乾物率30%に対して28%）、飼料調製表に従い修正する。

混合飼料内に乾草またはサイレージの大きな塊が見られたら、適切に撹拌されていないことを示している。パーティクルセパレーターで混合物の質のチェックも必要である。月に一度は行う。

スプーン、コンテナー、またはバケツは、予定されている量を正確に計量しているか？　チェックすること。

給与している餌の金額を知る

飼料調製の道具、記録内の給餌過程のチェックが必要な時期には、その都度実行する。それから、その結果を記録し、ばらつきが無いようにし、好ましくない出来事に遭遇しないようにする。

全ての搾乳ロボットを含む、全ての濃厚飼料給餌機を週1回（例えば、毎月曜日）較正する。製造会社の使用説明書に従う。5%以上異なる場合は、セッティングを修正する。

サイレージの在庫をモニターする簡単な方法は、いくつかの支柱（目印）を挿入しておくことである。1ヵ月に12mを給餌する計画の場合、12mごとに杭を打つ。

月に1回は給餌ミキサー車の較正を行う。車両計量台で行うか、正確に分かっているもの（10袋のミネラル、ミルクパウダーのようなもの）を積込みする。最も信頼できる方法は、車両計量台で満タンな車両の重さを計ることである。

新しい濃厚飼料を運びいれたときには、毎回使い果たされる予定の日をカレンダーに書いておく。実際の日が2日以上異なる場合、どこに間違いが生じたのかチェックを行う。

飼槽

飼槽は、牛を餌のあるところに立ち入れさせないで、1日中飼料を提供する1つの方法である。たいていの飼槽は、平らで直線的である。餌の給与、残渣の除去、掃き寄せがしやすいようになっている。機械化も行いやすい。

飼槽に垂直な横壁がある場合、餌寄せを行う必要はない。しかし、空にして清掃するのが難しく、壁が牛の視界を遮ることになる。

毎日飼槽を空にして飼槽をきれいに保ちなさい。滑らかな表面のコーティングは、飼槽の清掃を容易にし、飼料の酸による腐食を防止する。カビの生えた餌の残渣は、異臭を放つため採食量を減らす。残渣の微生物と真菌は、他の餌の温度を高めより速く変敗が進む原因ともなる。したがって、腐食した飼槽表面は、いつでも新しく滑らかなコーティングを再塗装する。

飼槽の構造

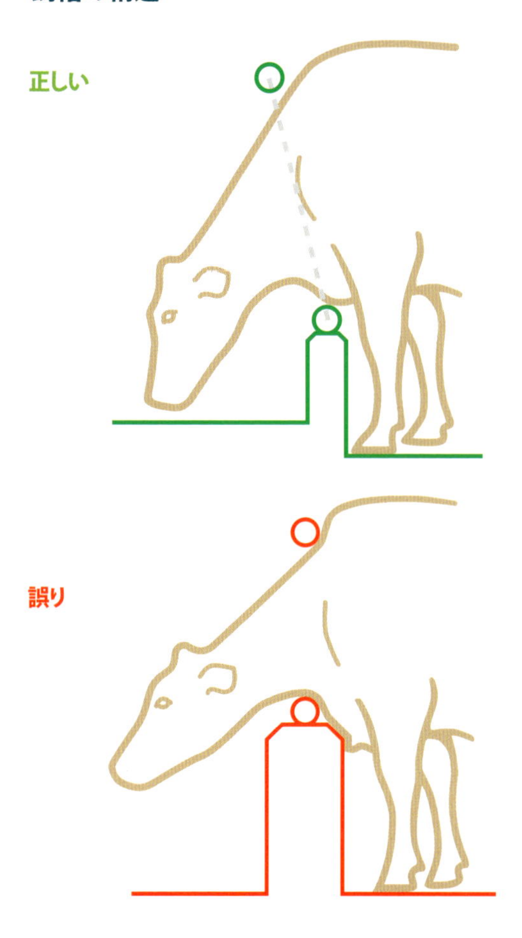

飼槽フェンス下の壁をできるだけ薄くし、飼槽フェンスまたは飼槽ネックレールが牛の行動を妨げないようにすることで、牛が届く餌の範囲を広くすることができる。一度に給与できる餌の量が少ない小さい飼槽では、より頻繁に餌寄せを行わなければならない。

牛はいつも前肢を一歩前に出し草を採食する。こうすることで、頭をより低く下げることができる。そのうえ、地表面上ではなく、わずかに地面より高い位置で草を採食する。そのため、飼槽の床面は、牛の前肢の床面よりも5～10cm高い必要がある。

牛は飼槽フェンスに沿った特定の場所で多く餌を食べることがある。その場所の空気が新鮮であることが理由のことが多い。この写真では、搾乳ロボットの隣の飼槽フェンスに多くの牛が集まっている。餌寄せを行うとき、できる限り広く採食できる場所を確保するように飼槽全体に分配するように行う。

飼槽フェンス下の壁がとても低いので、多くの餌が通路内に落ちている。これは壁の上部に沿って厚い板を付けることで容易に解決できる。

パーティクルセパレーター

パーティクルセパレーター（ペンシルバニア州立大学）は、上部3段のふるいと最下段受け皿の4つで構成されている。最上段のふるいは最も大きな穴が開いており、一番下のふるいは最も小さな穴が空いている。飼料サンプルの裁断長（粒子長）によりふるい分けることができる。水分を多く含むサンプル（45%未満の乾物率）はふるい分けが困難なことがある。

使用方法：

- 選択採食の評価：給与直後の飼料および残渣を飼槽から収集する。2者の分離後の重量比を比較する。
- 毎時間の評価：サンプル間に10%未満の違いは正常
- 混合の均一性：給餌直後に異なる場所5点以上のサンプル（開始場所、中間地点、終了場所）を集める。5%未満の違いは正常
- サイロ貯蔵と混合飼料中の牧草の裁断長（粒子長）のチェック：サンプルをふるう。使用する飼料原料によりかなり異なることが正常

その違いはパーセントで表現される。例えば10%の違いは、25%の部分が35%であることである。

パーティクルセパレーターでの粒子長比率：混合飼料（TMR）

トレイ	開口部分	TMR（%）	コーンサイレージ（%）	グラスサイレージ（%）
1.	19 mm	2-8	3-8	10-20
2.	8 mm	30-50	45-65	45-75
3.	1.8 mm	10-20	20-30	30-40
4.		≦20	＜5	＜5

出典:D.A.S. ペンシルバニア州立大学, 2013

PMR（Partial Mixed Ration：部分的混合飼料※p.48～49参照）でのパーティクルセパレーターの使用

PMRは短い粒子長をもつごくわずかな材料しか含まれないため、ふるい分けることが難しい。濃厚飼料のほとんどは基本的に個別に給与される。飼料分析を基準とした基礎飼料とその算定により繊維含量を推定し、最大限給与される濃厚飼料と合わせて評価する。PMRでのパーティクルセパレーターの使用は、部分的な選択採食の評価に有用である。

パーティクルセパレーターでの作業

材料：

パーティクルセパレーター、1.5リットルのサンプル入れ物、メトラー（重量計）、計算機、ノート、ペン。セパレーターのふるいの1つの端にマークを付ける。

代表的な飼料サンプルを約1.5リットル計量する。セパレーターの最上段にサンプルを入れる。

セパレーターを前後に5回、1秒間に1回から2回、移動距離15～20cm前後にふるう。セパレーターを90度回転させ繰り返す。セパレーターが完全に2回転するまで繰り返す。

それぞれのトレイにふるい分けられたものを床に置き、その重量を計測し、書き留める。

	Frisch		Reste	
1:	225	35%	315	45%
2:	202	31%	244	35%
3:	146	22%	101	15%
4:	79	12%	33	5%
Gesamt:	652		613	

※左図はドイツ語
Frisch
（Fresh:給与直後）
Reste
（Leftovers:残渣）
Gesamt
（Total:合計）

全てのサンプルの量を合計する。サンプル合計量に対する各トレイの餌の量のパーセンテージを計算する。

収穫とサイロへの貯蔵

牧草の収穫は、酪農場の経営結果、動物の生産と健康に大きな影響を与える。サイロへの貯蔵は、この作業の最終段階であるが、多くの量と栄養価を失う原因ともなる。

適切で、注意深いサイロへの貯蔵は注意深い飼料調製ほど重要性が十分に強調されていない。

熱を持つことが栄養価の損失の大きな要因である。牛が採食しない、選択採食をする原因ともなる。腐敗やカビも多くの損失の原因にもなる。

1%の損失でさえもすぐに計算を合わせる。

乾物で1%の牧草の損失があった場合、控えることで解決する。

牧草とコーンをサイロに貯蔵するときの重要な要素

コーンサイレージ：乾物%、裁断（刻み）長、子実クラッシング

デントコーン裁断の最良の時期は、子実のミルクラインが中央に向かい2/3（日本の場合1/2～2/3）に下がった時である。鋭利なナイフで子実を切り開きチェックする。コーンの実は急速に熟成する。それぞれの子実は、牧草収穫機で3部分に破壊されなければならない。毎時間チェックする。裁断されたコーンをひとつかみバケツの水の中に入れた場合、子実は底に沈む。酢酸とアルコールの存在が、サイロ内での栄養価の損失の1つのシグナルである。

コーンサイレージの繊維はルーメンマットを形成するため、コーンサイレージのより長い繊維がルーメン内発酵を促進する。他の飼料が繊維を多く含む場合は、コーンサイレージを短く（≦1cm）切るだけであるが、そうでない場合には、長く（>1.5cm）切る。より長いコーンサイレージは、サイロにぎっしりと詰め込むことがより難しくなり、熱を持つ可能性がより高くなる。

サイロに貯蔵したばかりの未発酵のコーンサイレージを給与しない

飼料内のコーンサイレージの量（乾物量）	茎の長さ
< 4kg	8 mm
4～8 kg	10～12 mm
> 8kg	13～19 mm

出典：GD Deventer (2012)

デントコーンは刈り取られた時に、10%の糖を含んでいる。そのため新鮮なデントコーンは、牛を重度のルーメンアシドーシスにさせる高い危険性を持つ。6週間後、全ての糖類は乳酸に変換され、サイレージは安全になる。

グラスサイレージ：刻むまたは刈る

よいサイレージは、1つ選択をするまたは正しいことを1つすることでできるのではない。全ての正しいことを行い、他よりもより良いことを選択しなければならない。刻むまたは刈られた短いグラスは、サイロにぎっしりと詰め込むことが容易である。よく保存され、熱を持つことはほとんどない。水分含量の少ないサイレージで、特に大きな違いが生じる。サイレージが乾燥している場合、サイレージの上に多くの重りを置く。例えば厚い砂の層を作るなど。そして、サイロに貯蔵するときに、発酵の安定剤を加える。サイロへの貯蔵に適した乾物率は、35～45%である。

短く裁断されたサイレージは、とても混合しやすく、牛は飼料を選別しにくく、飼槽には最終的に餌はほとんど残らなくなる。

サイロ上での運転操作

品質を維持したままで飼料を完全に保存するサイロを作ることが厳しく要求されるため、この作業は正確で、集中が必要な仕事である。

1. 層を作る

サイロの上を長軸方向に移動し、層が薄くなるまで続ける。

積込みしている前方に餌を積み下ろし、車体のレーキで層を作る。

1時間当たりサイロ上にショベルカー/トラクターの3倍の重さの飼料を置く。

2. 踏圧

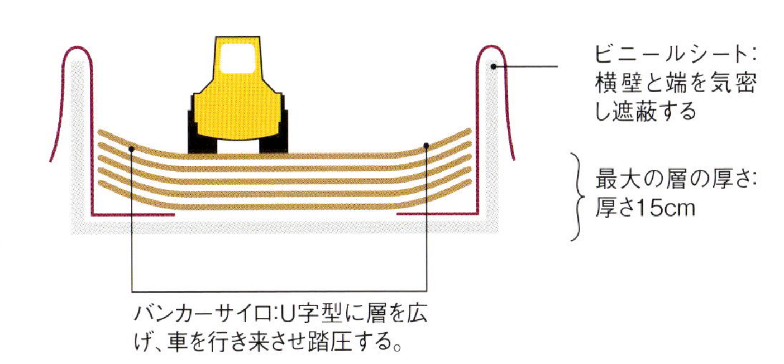

ビニールシート：横壁と端を気密し遮蔽する

最大の層の厚さ：厚さ15cm

バンカーサイロ：U字型に層を広げ、車を行き来させ踏圧する。

3. 完全な踏圧

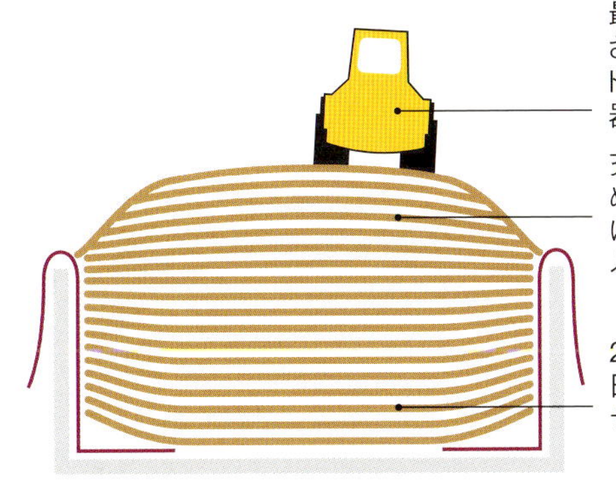

最後の積込み後、さらに1時間にデントコーンの上を機器で行き来する。

充填し気密性を高めるため、できるだけ迅速にサイロをふさぐ。

25℃を超える暑い日：涼しい時間帯にサイロ詰めを行う。

4. カバーを架ける

ビニールシートまたは気密性の高い層を形成する他の製品（ジャガイモ繊維など）ですぐにサイロをカバーする。適した材質のもの（ビニール、防水布、砂）で覆い、それを押し下げる（砂利バッグ、自動車のタイヤ、砂）。サイロの上の重し（例えば砂）は、空気がサイレージから押し出されるため、最良の貯蔵状況を作り、熱を持つことを防ぐ。

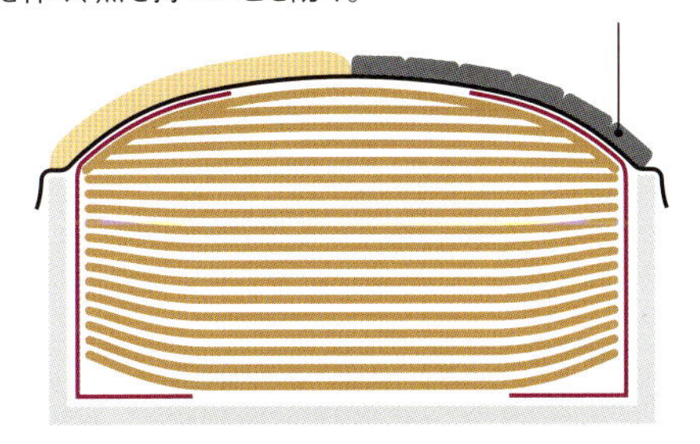

5. クローズドサイロ（バンカーサイロ）内で腐敗し熱を持つのを防ぐ

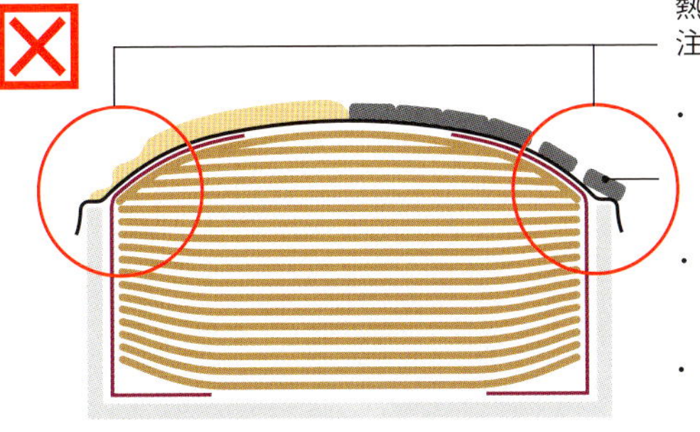

熱を持つ、腐敗する注意すべき場所：

- 丸の付いたこれらの場所の上をゆっくりと車で押し沈めているか確認する
- 覆いの気密性、防水性を確認する
- 覆いの下に空気が入っていないか確認する

6. オープンサイロ（スタックサイロ）内で腐敗し熱を持つのを防ぐ

開いた後にどのように発酵を避けるつもりかについても考える：採食されるスピード、サイレージ上に多くの踏圧材、安定化剤（例えば、異種発酵菌接種用サイレージ添加物）

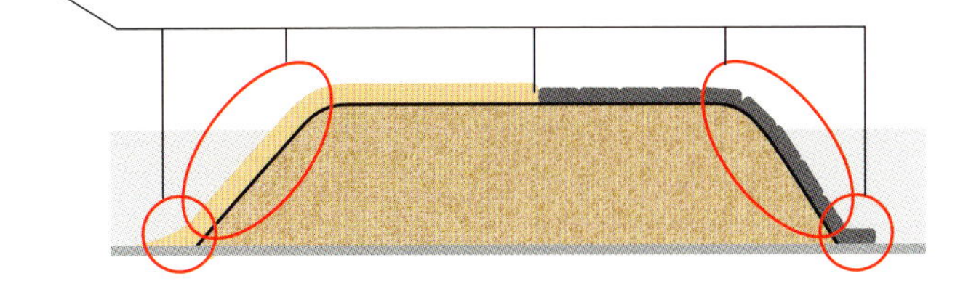

添加物

添加物には、サイレージの維持に選択されたバクテリア（接種材）、貯蔵を促進する製品（塩、酸）、乳酸に変換される製品（例、糖蜜）がある。それらをゆっくりと飼料に混ぜる。例えば、牧草収穫機の管内で行う。作物がサイロ詰めに適した時期ではない場合に、適した添加物はサイロ内での損失を減少させる。例えば、乾物率35%未満（デントコーン>30%）、または糖含有量が低いと見積られる場合である。ある添加剤は消化率を増加させ、熱を持つ危険性を減少させる。気を付けて添加剤を使う。作物が糖を含み、乾物率が30%より多い場合、バクテリア混合物を使用する（接種剤）。異種発酵接種剤はプロピオン酸も生成する。それはサイロが開かれたら、保存性を高める特性がある。より水分含量の多い収穫物では、酸を使用する。とても低い糖レベルが予想される場合（日暮れ後の収穫）には、糖蜜を添加する。コーンサイレージの適したサイロ詰めには、デントコーンをかなり若い時期、またはかなり熟した時期のどちらかに刈り取るべきである。

放牧すること

放牧することは、最適な草地管理と牧草の成長がカギとなり、補助飼料はこれに合わせて行う。毎日、草地、牧草、そして牛の採食量を調査する。

群の牛の頭数に対する区画のサイズとその牛群が1日に食べる乾物量とを合わせる。新しい草地に牛を動かすとき、全てのフィールドは1～4日の放牧とする。生産高で1ha当たり乾物1,700kgの牧草収穫とみなす。パーラー搾乳の農場では、搾乳後に毎回、新しい草地に移動させることもできる。

ストリップ放牧では、最高の効果をもたらせるための作業が必要にもなる。牧草の量の推測に基づいた帯（ストリップ）のサイズを計算する。

フィールドで草の長さと量を計ることによって、特に草の成長と摂取量との間の完全なバランスを目指すことができる。それから、フィールドでの乾物量が把握でき、牛の大まかな平均採食量を知ることができる。他の草地に牛が移動した時に、1haあたり乾物1,700kgとして考える。その時の牧草の長さはおよそ17cmである。秋に、牧草が短い時は牛を放牧地から移動する。し好性の高い十分量の草地では、牛は1時間におよそ乾物1kg採食する。味やにおいが良くない牧草は、採食量の減少につながる。牛が10時間より長く牧草地にいるならば、相対的に休息する時間も増えて、食べる量も減る。一方、放牧牛は1時間に1.5kgの乾物を食べる。牧草があまり長くないならば、ひと噛みで草茎の1/3を食べる。

移動のタイミングと生産高のための親指ルール

- 1ha当たり乾物1,700kgとして牧草地に牛を放つ：17cm=およそ握りこぶし1つ+親指1つ
- 長すぎる放牧地：21cm=握りこぶし2つ+親指1つ
- 連れ戻す判断：6cm=小さい握りこぶし1つ以下

写真クイズ　ここにどのくらいの期間放牧させますか？

牧草丈が6cmであるとき、草地は裸地である。牛は草をさらに短く採食することはできるが、これは確実に避けなければならない。

- 乾物を1時間に1kgも食べなくなる。
- ふんの塊の周りの草を食べるようになり、腸や肺の寄生虫の感染の危険性が非常に高くなる。
- 牧草は、葉の表面積がとても少なくなるため、再成長がとてもゆっくりとなる。
- 芝はより露出される様になり、低品質の牧草種が出現し、牧草の収量および栄養価は低下する。

成長、収量、採食量

草地での最適な放牧には、パドック内に異なる連続した発育ステージ（草丈）の牧草が必要である。牧草地に応じて適切な時期に刈り取ることにより、これらを達成することができる。2回の放牧を行った後に、1区画刈り取ることを計画するようにする。

とても長い牧草の放牧地に牛を出す場合、牧草はし好性も低く簡単に消化できないような木質化が進んでいる。牛は茎よりも牧草や先端の最もおいしい部分を主に採食する。牧野では、牛は多くの牧草の残りを踏みつけそのままにする。これは、単位面積あたりに多い牛がいて、し好性の高い牧草があれば大した問題にならない。それは、バックワイヤーで移動させるストリップ放牧のような場合である。とても短い牧草のところに牛を移動した場合、牧草の再成長は遅いため牧草生産量は追いつかないが、牧草のし好性はとても高い。牧草サンプルの分析は、ミネラル供給量を管理するのに役立つ。

現代の連続放牧システムでは、いくつかの計画的な作業が必要である。他に与える飼料給与量を調節や、放牧する時間を調節することで、草丈を8cmの長さに保つ。3〜6週間後、計画的に8cm丈の牧草のフィールドへ移動する。

ストリップ放牧は、グループを1日に数回、放牧している場所を完全に移動して、完全に新しい区域に割り当てる。バックワイヤーでグループを移動させていくため、牛は移動する前の場所には戻れない。よりランクの低い牛が十分に採食できているか確認をする。

牛を他の草地に移動する時、注意深く残されている牧草をチェックする。すなわち、残された牧草の量から、理想的な状況で移動されたかを確認する。牧草にし好性がある場合、残りの牧草は最小限となることを目指す。牧草にし好性がない場合、多くの牧草の残りまたは飼料摂取量と乳生産量の低下を受け入れなければならない。

若齢牛を放牧させる場合、1歳になるまでは6〜8週間出して、翌年に集中的に放牧草を食べさせるようにする。このように牛は放牧草を食べることを学ぶ。とても若齢な牛は、軽い感染により腸および肺の寄生虫の抵抗性を獲得する。管理獣医師とともに寄生虫の管理計画を立てる。

第3章

飼料計算

牛の給餌は飼料作成から始まる：何を餌にするのか、どのくらい作るのか？　コンピュータに入力してある標準値と量を基準に計算を行う。利用できる飼料をもとにこの計算から始める。生産目標と給餌方法はその次の課題である。飼料コストと期待される生産量はコンピュータによる計算がカギとなる。

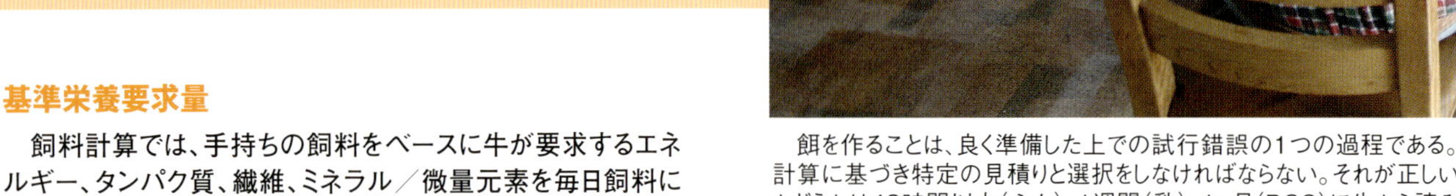

餌を作ることは、良く準備した上での試行錯誤の1つの過程である。計算に基づき特定の見積りと選択をしなければならない。それが正しいかどうかは48時間以内（ふん）、1週間（乳）、1ヵ月（BCS）に牛から読み取ることができる。

基準栄養要求量

飼料計算では、手持ちの飼料をベースに牛が要求するエネルギー、タンパク質、繊維、ミネラル／微量元素を毎日飼料に添加する。

オランダではthe Table Book for Livestock Nutrient Requirements（出版:the Dutch Central Bureau for Livestock Feeding（CVB））のような出版物に基準栄養要求量が示されている（訳者注:日本の場合は、日本飼養標準、またはアメリカのNRCなどを参考にしている）。生産目標により要求量は異なる。例えば、経産牛は乳生産量を基準にし、育成牛は増体量を基準にするなどである。牛の体重による維持要求量についても心に留めておく必要がある。そして、妊娠牛では胎子の発育、初産および2産の牛は成長に必要な栄養要求量を考慮する。

飼料の選択

餌はさまざまな生産物または飼料原料から構成される。いつでも、農場で管理している基本となる飼料を中心に考える。農場にどのくらい在庫があり、その栄養価について正確に知っていなければならない。時々、限定された範囲内で給与する飼料の割合を変更することができる。栄養価は、エネルギー量、タンパク質、繊維とそれに含まれるミネラルである。

そして購入する飼料は、栄養価と価格を基準に選択する。ルーメン内で発酵する飼料が、どの程度含まれどのくらい速いのか知る必要もある。分解可能な製品はルーメン内で発酵するが、完全に分解されない製品は変化せずにルーメンを通過する。

飼料計算のステップ

飼料は、一般的に特別なソフトを用いてコンピュータで計算される。既に入力されている原料と栄養価に基づき、入力したすべての必要量に合わせた可能な限り安い飼料を見つけ出す。

1.適切な栄養基準を選択	それぞれのグループのためには、特に平均的な牛、そして、それに適した栄養基準を決める。
2.正確に計量	・飼料分析から正確な量を決める ・実際に採食量を測る
3.カウシグナルズを確認	例:ルーメンフィルスコアが低い場合、発酵率が増加しない
4.内容量順に最適化	①正しいエネルギー含量 ②正しいタンパク質含量 ③正しい繊維含量 ④正しいミネラル含量
5.牛に個別に濃厚飼料を添加する場合:3つのシナリオでステップ4を実施	①濃厚飼料添加なし ②平均的な濃厚飼料の添加 ③最高量の濃厚飼料の添加

ルーメン内発酵、エネルギーとタンパク質

餌は、ルーメン内で利用できるタンパク質とエネルギーが適正なバランスでなければならない。1日を通して牛が同じ餌を採食していれば、ルーメン内のこれらのバランスはほとんど変わらない。発酵率を推定するとき、全ての餌を見る必要がある。これに従い、餌の内容を遅くまたは速く生成物を作るように修正することができる。

速い生成物は、迅速にルーメンからなくなり、新しい飼料の空間を作るため、1日当たりの牛への栄養物を給与することができる。しかし、とても早い発酵はルーメンアシドーシスの原因となり、飼料の通過速度がとても早くなる。そのため、飼料利用率は低下し、牛は病気になるかもしれない。

発酵率

発酵率（↑非常に速い／速い／↓遅い）

（摂取直後2時間での乾物1kg当たりの発酵量（g））

発酵量	炭水化物	粗タンパク質
600 g	糖蜜	尿素
	トウモロコシ子実主体サイレージ 小麦ミル	
	大麦ミル	
	圧ペン小麦	
	圧ペン大麦	
	苛性処理小麦	
		蒸留シロップ
	ジャガイモ	
	ビートパイプ（ドライ） コーンミール コーングルテン コーンサイレージ ビートパルプ（ウェット）	
		カラシ粕 トウモロコシ蒸留粕 グラスサイレージ（ウェット・乾物率30%） ひまわり粕 コーングルテン
	ルーサン グラスサイレージ パーム核ミール	
		ダイズ粕
		グラスサイレージ（ドライ・乾物率60%）
	大麦わら	ビール粕
	小麦わら	
0 g	菜種のわら	

発酵率はルーメン内の飼料の発酵速度である。とても分解速度の早い飼料は、一度にたくさん食べ過ぎてしまうと、ルーメンアシドーシス（炭水化物）またはルーメンアルカローシス（タンパク質）発生の高いリスクとなる。

飼料とカウシグナルズを一緒に見る

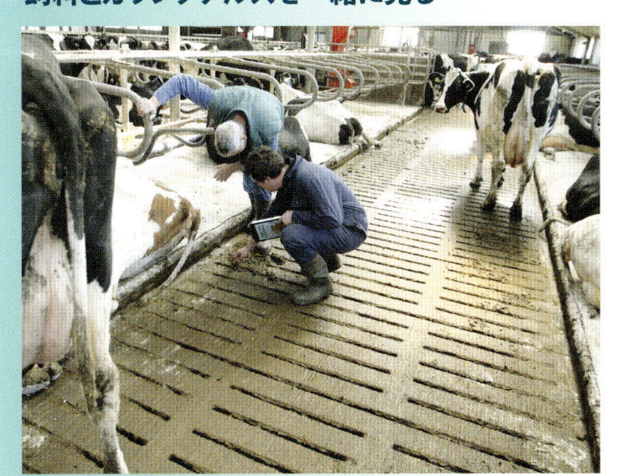

初めに、サイロと飼料の貯蔵場所、採食状況、飼槽の餌、牛とふんを調査する。給餌場所は暖かくなっていないか、風味の損失はないか？　適切に、残滓の撤去、飼料の積み込み、給餌、そして餌押しをしているか？　牛は遺伝的な能力にあった生乳を生産しているか？　それぞれの牛が、1日少なくとも22時間制限されることなしに、餌を食べることができるか？　利用可能な十分な新鮮な水があるか？　搾乳牛群のボディーコンディションスコア（BCS）はどれくらいか？

繊維含有率

繊維は、ルーメン内でルーメンマットを構築し、反芻を促し、ルーメン運動を促進する飼料成分として貢献するものである。繊維は牧草の細胞壁に含まれている。

細胞壁の消化率は、ルーメンマットの形成状況に左右される。消化する時間が長ければ長いほど、消化率は高くない。

繊維の量は現場では正確に測定することができない。繊維は研究所での分析で計測される。

中性デタージェント繊維(NDF)、酸性デタージェント繊維(ADF)と酸性デタージェントリグニン(ADL)は、繊維の成分である。NDFは、細胞壁の総量である。ADFは、細胞壁のゆっくりと消化される成分である。ADLは、実際には消化されず、ルーメンマットとルーメン運動にとても貢献している。

裁断長、ルーメンを刺激する成分と繊維

裁断長が0.8cmより長い構成物はルーメン内でルーメンマットを形成する。裁断長が2.5cmより長い構成物はルーメン運動を刺激する。裁断長は正確には繊維のことではない。ADFおよびADL含有量が少ない、柔らかい茎による早い発酵はほとんどルーメン運動を活性化せず、小さなルーメンマットを形成する。

ADL、リグニン、またはヘミセルロースは繊維を構成する。茎の硬さによって、繊維を感じることができる。植物は年月が経ったとき、開花するときに木質化する8月1日以降、牧草は花を咲くのをやめ、日照時間が短くなるため、秋の牧草は木質化しない(訳者注:オランダでの基準と考える)。

pHの緩衝(バッファー)

採食後、ルーメン内pHの急激な低下を防ぐための1つの方法は、重炭酸ナトリウムまたは酸化マグネシウムのような緩衝作用のあるものをルーメン内に入れることである。これらの緩衝剤は、酸と結びつく。反芻をする牛は、唾液の生産により1日に2～3kgの重炭酸を産生することができる。したがって十分な反芻が最も重要である。

飼料への緩衝物質の添加は、ルーメン内の酸性化や暑熱ストレスの危険性の高い状況のときにだけ効果的である。危険性の高いときに、いつでも給与できるよう、重炭酸は準備しておきたい。

牛が早く採食するときは、噛む回数が少なく一度にたくさんまとめて食べる。スラッグフィーディングという。これは、発酵性の飼料が一度に大量にルーメン内に入り、唾液の生産量も少ないことから、ルーメンアシドーシスの危険性が高まる。

計算された実際の繊維

以下のような場合には、計算をして繊維を含む飼料を与えれば、牛に十分な繊維を供給することができる。

- 牛が計算された飼料を実際に食べる
- 計算された繊維が実際に含まれている；高水分サイレージ(乾物率35%以下)、オーバーミキシング(撹拌)とミリング(つぶすこと)は繊維を減らす
- 牛が1日に10～14回採食する
- 牛が1日に乾物量で3kg以上の25～40mmの茎を採食する
- 乾物が40～45%含まれている
- 迅速に消化される植物油が5%以上含まれていない
- パーティクルセパレーターの上段が10%以上である

パーティクルセパレーターと物理的有効繊維(peNDF)

パーティクルセパレーターは積み重ねて使用する3つのふるいで構成され、飼料を粒子長でふるい分ける装置である。パーティクルセパレーターの使用方法はp.35参照。

パーティクルセパレーターでの有効繊維含有量(物理的有効繊維peNDF)の計算式:{(最上段×4+2段目)/5}。飼料乾物中物理的有効繊維が22%以上であれば、ルーメン内pH6.0以上を維持する。

飼料分析の評価：CEPFP

飼料費は乳価に対して多くを占める経費である。そのため、栄養価、餌の特性、経費、飼料設計をよく知っている必要がある。給与飼料中5%以上を占める全ての餌の正確な栄養価を知っているべきである。また、その中に含まれるミネラル、微量元素も確認しておく。しばらく使用している餌も4～8週ごとに分析する。ミネラルと微量元素は変化しないので、最初の分析以降は簡易分析で十分である。

項目	基準点	説明
保存	・乾物率	・40～55%の乾物率が理想。高水分のサイロはすぐに酪酸を形成、低水分のサイロは熱を持ちやすく好気腐敗（コンポスト化）しやすい
	・乳酸含有量	・ロスが少ない安定したサイロ
	・酢酸	・熱が抑制されている
	・アンモニアと酪酸	・発酵が遅く劣化した保存状況。このサイレージはし好性は低く変敗が早い
エネルギー	・デンプン、糖、消化性セルロース/NDF	・最も重要なエネルギー源
	・正味エネルギー（FME、NEL）	・計算上のエネルギー価
タンパク質	・粗タンパク ・粗タンパク分解率 ・非分解タンパク質/分解性タンパク質	
繊維	NDF、ADF、ADL一緒の評価。 可能であれば：peNDF	・NDF：ルーメンマット形成に変動的役割 ・ADF：ルーメンマットの構築に部分的に必要 ・ADL：非消化性、ルーメンマット形成に中心的役割
し好性	・アンモニアと酪酸	・変敗の早いサイロの指標
	・糖と乳酸	・牛は糖と乳酸の味を好む、その濃度が高すぎるとし好性が低下する
	・粗灰分（土）	・土の混入はし好性が低下し、二次発酵とカビの危険性が増加する

原価報告書は経産牛が100頭の同様な農場でも飼料経費が€40,000（6,500,000円）程度違うことがある。したがって、バランスのとれた飼料は、農場に対して高い経費削減となる。

採取した飼料のサンプルが適切で、代表的なものであるか確認する。いつもサイロの長さと深さを考えサンプルを採取する。サイロの部分による違いが予想される場合には、サンプリング時はそのことを心に留めておく。または、2つのサンプルを分析する。サンプルを取った時は、採取時の穴を完全に気密状態に覆う。

飼料の評価

貯蔵

貯蔵状態のよい飼料は、強い酸（乳酸）の臭いがし、酸っぱい感じもする。腐敗とカビは、貯蔵方法に何か改善点があるシグナルである。アンモニアと酪酸の増加にも同様に対応する。

低水分のサイレージ（低い酸性）、茎の多い飼料（踏圧が難しい）および不十分な踏圧で密着度の少ないサイロは熱が上がりやすくなる。サイレージ内の土の混入も熱を持ちやすくなる危険性が高まる。

エネルギー

サイレージのエネルギーは、細胞壁と細胞質内に存在する。多くの葉と若い茎の存在は、良いサインとしてとらえる。細胞内の糖は、重要な分解可能なエネルギー源でもある。糖の含量が豊富な高水分のサイレージは粘張性がある。繊維含量が多いほど、エネルギー含量が低くなる。

デントコーンの場合、子実の量と子実が3つに壊されているか注目する。子実のデンプンの硬さを計測することでどの程度分解されるか推定できる。このデントコーンサイレージはかなり高水分であり、多くの子実が適切に壊（クラッシュ）されてなく、子実内に柔らかいデンプンが含まれていない。低いデンプン含量の急速に消化されてしまうサイレージである。

タンパク質

タンパク質が豊富な牧草は、深緑の葉を付けている。そのため、葉の量、色、そして繊維含量に注目する。多くの繊維とは、通常多くの茎を意味し、少なめの葉を意味する。そして、草地面積当たりの乾物収量が多くなると、通常は乾物当たりのタンパク質が一般に低くなる。このサイレージは多くの茎と穂を含み白っぽく、多くの繊維があり、タンパク質含量は多くない。

およそ8月1日以降の牧草は、日照時間が短くなり、夜間涼しくなるため、開花しなくなる（訳者注:日付の目安はオランダなど緯度の高い地域に該当）。そのため、木化はせず消化率は高い。吸収されている窒素分は非分解性のタンパク質に変換されることが少なく、牧草は分解性の窒素分とアミノ酸を多く含む。秋の牧草は、繊維はとても少なく、タンパク質含量は少ないものから多いものまでいろいろである。これは土壌状況とどのように施肥しているかによる。

繊維

デントコーンの裁断長は、ルーメンマットの構築に利用されるかどうかに影響する:裁断長19mmは、7mmのものよりおよそ50%効果が高い。餌にデントコーンが乾物量5kg以上含まれる場合、デントコーンを10～12mmより長く裁断する。長く裁断した場合、ロールでサイレージ化するのは難しい。葉の色を基準に木化(リグニン化)の進み具合を推定する(緑=木化率低い、黄色=木化率高い)。品種によりかなり異なる。

茎の硬さと鋭さは、牧草の木化の程度を感じ取ることに役立つ。とても鋭く、チクチクする茎は、多くのリグニンを含む木化を示し、ルーメンマット形成に多く利用され、反芻を刺激することを意味している。茎と穂の数は、牧草の成長(熟度)と木化の増加と関係する。

し好性

腐敗の進行とカビはし好性を低下させる。カビたグラスサイレージはかび臭く、埃っぽい;真菌は変色として識別することができ、茎や葉に毛羽立ちのあるスポットとして現れることもある。サイロ内での温度の上昇は、特徴的な臭いを発する。カビ、熱を持つ、または腐敗したデントコーンサイレージは、変色し悪臭がする。酪酸とアンモニアも特徴的な臭いがある。経験から、熱を持ったサイレージは急速に代謝エネルギー量を5～10%まで低下させると推定できる。

牛は糖を好む。さらに、餌は新鮮な臭いがしなければならない。飼料内の土壌の混入は摂取量を低下させる。このことは、全ての土壌の種類に共通である:砂、粘土、泥炭。

コーンサイレージは分解されやすくなる

若いコーンサイレージでは、子実内のデンプンはかなり分解されにくい。これはデンプンがタンパク質層(プロリン、ゼイン)に内包されているためである。フリント(固い)種は、とても強固なプロリンを持ち、デント種はそれほど多くない。

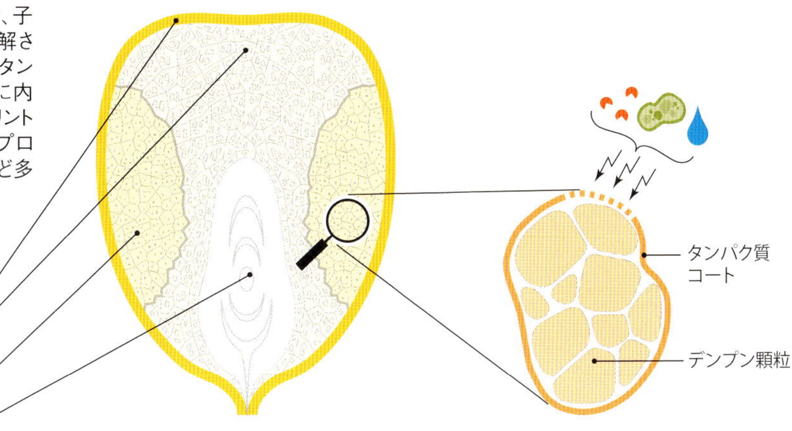

サイロ内で、乳酸、バクテリアと湿気はタンパク質の覆いと硬いデンプンの可溶性を高めることに作用する。その結果、デンプンは数カ月で分解性が増加するため、コーンサイレージは易分解性飼料となる。完熟して収穫されたデントコーン、乾燥したサイレージでは、早い時期に刈り取られたデントコーンよりもよりゆっくりとサイレージ化する。

飼料計画

飼料の計画（設計）を行うときは、現在の在庫の確認からスタートする。目標は：

1. 継続して全ての動物に同じ様に体によい餌を与えること：毎日全ての飼料に簡単にアクセスでき、特定の飼料が多くまたは少なく給与されることがないこと。
2. 管理された方法で餌の変更を行う：準備計画を怠らず不意に行わない。
3. 飼料経費を上回る最適な収入を得る：在庫と計画に合わせて最適な時に購入し給餌する。
4. 熱を持たせず変敗させずに、最小限の給餌後の損失と栄養価の損失にとどめる。

飼料の計画と作物の生育計画

次の年の飼料作物の計画は、冬のうちに作成する。次に収穫するときに必要な、サイレージ、デントコーンおよびその他の生産物の収穫量と品種を決定する。作物の種類、サイロのタイプ（混合または非混合）、乾草またはロールによってリストを作成する。デントコーンのサイロは糖が発酵するため少なくとも4週間は完全に密閉したままにしなければならないことを心に留めておく。デントコーンサイレージの消化率はサイロに貯蔵後5ヵ月の間増加する。そのため、開けることがなければ、最高のサイレージの品質は収穫後5ヵ月までに出来上がる。追加のサイロのスペースと在庫に注意を払う以上に、品質の改善に力を注ぐ。

それから、自分で栽培している飼料の発育計画を作成する。この時点で必要であれば、飼料作物の計画を修正することができる。発育計画でも、自分で栽培する飼料作物のエネルギー、タンパク質、繊維そして消化率についてかなり具体的な目標を設定する。これらの目標に合わせるために、作物の品種、施肥、収穫時期、および収穫方法を選択する。

飼料の計画は、特定の期間にサイロからどのくらい供給するか示している。それから、1週間または1ヵ月間にサイロからどの程度の長さの飼料の取り出しを行うか確認し、供給量を達成できるようにサイレージの高さで補正する。この壁での1単位は2mである。

粗飼料vs濃厚飼料：55-30-15

55-30-15の法則（M. Hutjens）によると、乾物量の計算で少なくとも餌の55%は粗飼料、そして30%の濃厚飼料とすべきである。残りの15%はその農場で必要とするべきものを加える。牛1頭1日当たり22kgの乾物を採食する場合、少なくとも乾物で12kgの粗飼料、乾物で6.6kgの濃厚飼料、乾物で3.3kgの他のものとなる。

クイズ　来年はどのくらいの飼料給与が必要か？

来年は、搾乳牛100頭、育成牛60頭飼養する。どのくらいの粗飼料が必要か?

経産牛に1日粗飼料を乾物（DM）で15kgと見積る。

答え

100頭の搾乳牛×15kg（DM/日）＝547,500kg（DM/年）
60頭の育成牛×5kg（DM/日）＝131,400kg（DM/年）
必要合計量：678,900kg（DM/年）
加算分7%の損失＝47,500kg（DM/年）
来年総必要量：粗飼料を乾物（DM）で726,400kg

特別な牧草とサイレージの購入

乾乳牛には、スラリ-を投入せずに目標に合わせて計画的に施肥をしたり、施肥をカットする。カリウムとナトリウムを低く、乾物で10MJ/kgの代謝エネルギー（ME）そして乾物1kg当たり120～130g粗タンパク質（12～13%）、かつ、し好性の高いサイレージを目標とする。育成牛にも同じものを与えることができる。別にこのような飼料を購入することもできる。

飼料在庫の管理

全て刈り取りが終了した時に在庫量の計算をする。サイロを計測することから始める。体積を求め、1㎥当たり乾物量（kg）を算出する。粗飼料分析を行い、在庫水準が提案された飼料計画にあっているかどうか調べる。もしそうでない場合は、基本的な配合を修正するか、適したサイレージを購入する計画を行う。

最後に、1週間および1ヵ月使用する飼料の量のリストを作成する。このリストには、それぞれのサイロから飼料を切り出したときの記録を行う。粗飼料を購入する農場は、収穫季節の収量により、どのくらい粗飼料を購入するか決定する。購入は、刈り取り前か刈り取り中に行うのがよい。

収穫とサイロ詰めをスタッフで慎重に打ち合わせる。何を達成したいのか、なぜそれが重要なのか説明を行う。

サイロ詰めの間、定期的にすべての人が指示に従っているか、結果はOKか確認する。

サイロへの貯蔵および餌の切り出しを容易に行うことができるか確認する。両サイドの切り出し面から雨水などが入り込まないようにする。切り出し面から離れるように勾配があるか確認する。

熱を持つことを防ぐために、給餌した餌を使い尽くすようにしなければならない。例えば採食率に合わせて給餌を行う必要がある。夏には、1週間に少なくとも2mを目安とすべきである。必要であればサイレージの高さを調整する、または大きなロールサイレージを作る。

放牧しているときには、飼槽で採食する餌の量は減少する。このときは、コーンをグラスサイレージにトップドレスする。1つのサイロを空けるだけにして、採食率を十分高く維持する。

2種類の給餌様式：TMRとPMR

混合飼料の給餌には、TMR(total mixed ration)とPMR(partial mixed ration)の2つの給餌様式がある。これらの給餌様式は、餌の組成、給与方法、牛の管理方法によって決められる。両給餌システムとも、最終的にそのシステムに適応できない牛が淘汰されていく。

TMR：Total Mixed Ration

TMRでは、同一グループ内の全ての牛は、飼槽で飼料原料全てが混合された同じ餌を食べる。

TMRの計算方法

基本的なTMRの計算。搾乳牛群でだけ要求される基準がはっきりとしている。そのグループの平均乳生産量に合わせ以下のように増加させる:

- 1群管理:+15%
- 2群管理(高泌乳群/低泌乳群):+10%
- 3群管理(高泌乳群/中泌乳群/低泌乳群):+5%

TMRでは、農場内で可変できる餌の15%の部分を、より安価な製品を使うことができ柔軟性の大きい給餌様式である。保存されている飼料の変敗による損失が最小限に計画されているか確認が必要である。

泌乳ステージ別のグループ

泌乳、乾乳前期の間、牛の必要に応じた飼料を与えることを容易にするためには、牛の飼料要求量を基準にグループに分け、混合した餌をそれぞれのグループに給与する。これには、長所と短所がある。牛が必要とする栄養価以上の餌が与えられている時はすぐに移動する。例えば、BCSが増加するときなどである。

TMRの特徴

牛が食べる一口一口で完全なバランスの良い餌をルーメンに送り込むことができる。そのため、選択採食が行われなければ採食上の問題はほとんど起こらなくなる。泌乳期前半は、より多くのタンパク質とエネルギーを必要とし、乳生産量はわずかに減少するだけである(理想は乳量維持)。エネルギーは時々過剰となることがあり、体重の増加や飼料効率のわずかな低下(約5%)の発生を増加させる。

泌乳牛のグループ分けの長所

	長所	理由	測定
+	飼料コストの削減	・低泌乳牛群はより安価な餌を給与できる	・飼料コストの計算と比較を行う ・乾乳前期に入るときのBCS測定
+	ケトーシスおよび体重増加の最小化	・牛は必要に応じて採食する	・分娩後1週でケトーシスの検査をする
+	起立時間の減少と採食時間の増加	・グループごとの搾乳は、搾乳待機場での待機時間を減少させる	・時間を記録し保存する

PMR：Partial Mixed Ration

PMRでは、濃厚飼料の一部またはすべてが、濃厚飼料の給餌器、搾乳ロボットまたはパーラーで分けて給与される。粗飼料は飼槽で混合飼料中から摂取する。この混合飼料に濃厚飼料を加えることもできる。

PMRの計算方法

濃厚飼料の3つのレベル（無し、平均、最大量）を基準に飼料計算を行う。

主に平均搾乳日数より、平均乳生産量の90～105％の飼料を基準にする。泌乳終盤（>搾乳日数195日）では多くの牛に対して、体重の増加を避けるため90～95％の飼料とする。搾乳日数180日未満のグループには、100～105％を目安とする。

搾乳ロボットシステム：ロボットへの訪問を高める安全な基準は、PMRは平均乳生産に対して20％少なく設計する。良質の餌を持ち良い牛の管理ができる農場では、より高い基準を選択することができる。例えば、飼槽でエネルギーとタンパク質を多く給与するなど。

搾乳ロボットは濃厚飼料給餌機でもある。牛は濃厚飼料でロボットに誘導されている。そのため、飼槽での餌よりも、ここでの濃厚飼料はし好性が高くなければならない。そして、牛は健康なルーメンと肢を持っている必要がある。ルーメンアシドーシスは、ロボットへの訪問回数を減少させる。

ルーメンの異常を予防する

PMRはルーメン異常発生の危険性が高まる。不均一のふんは要注意のシグナルである。

濃厚飼料が適切なバランスで供給されているか、給与量または濃厚飼料給餌機を適切に調整することで、ルーメンの異常を予防できる。

ガイドライン：

- 濃厚飼料（基本となる餌も含めて）：全飼料中の乾物率45％以下
- 1日に割り当てる濃厚飼料を1日に0.2kgを超えて増減せず、1回の給与で最大3kgまでとする
- 全体の餌のエネルギー／タンパク質の比と等しくなるように、加える濃厚飼料のエネルギー／タンパク質の比を考慮する

PMRの特徴

飼槽では、グループの平均乳生産量よりも少なく調整した餌を十分または少し食べる。牛は乳量に応じて追加の濃厚飼料が与えられる。そのため、動物はグループを移動することなく全ての泌乳ステージで必要となる最適な餌を給与される。

基本となる餌は、とても単純にすることができる。グラスサイレージとコーン、または牧草とコーンのようなものである。これを行うためには、簡易の飼料貯蔵システムと給餌機が必要となる。

泌乳牛のグループ分けの短所

	短所	理由	測定
-	グループを移動した時に、牛は一般的に2～3リットルの乳量を損失する。	・社会的なストレス ・餌の変更	・日々の生産量の記録を取る
-	仕事が増える	・BCSの検査 ・牛の移動 ・事務的な仕事	・訪問時間の記録を取る

栄養に関する語句

サイレージのサンプルでは、化学的な組成の分析が行われる。それらの項目をⒶで示した。ある特定の栄養価に基づいて計算された指標がある。それらの項目をⒸで示した。サンプルは適切に採取され、その飼料の代表的なものであるか知っている必要がある。そして、サンプル採取後に変化することもあり、例えば熱処理後の結果なども踏まえて、飼料を評価する。

乾物、dm Ⓐ g/kg または %

ある一定時間80～100℃で乾燥させた後に残った割合。

pH、酸 Ⓐ

微生物が 牧草を発酵させ糖を酸に変える:乳酸(代表的なもの)、酢酸(二次発酵の予防となる)。発酵するのに十分に低いpHに早く下げることができると、保存がしやすくなる。酪酸の形成は、長期間保存した時や発酵が十分に低いpHで行われなかったときに起こる。

炭水化物

エネルギーを含む、有機物中の炭素と水素から構成される。植物性の炭水化物で消化率の高い順番:ブドウ糖、ショ糖、デンプン、ペクチン、ヘミセルロース、セルロース。乳糖は炭水化物でもある。

発熱

飼料が熱を持つのは酵母、カビ、微生物による好気発酵の結果である。酸素の存在、土壌の微生物、カビの混入、酢酸産生菌の活性が低い、pHが高いことが、発生を高める因子である。熱を持つと、糖のような栄養素が消費される。熱により、タンパク質は糖と反応して消化のできないメイラード反応生産物が生成される。熱は栄養価と、し好性の著しい損失と、カビ毒の産生につながることがある。

有機物、OM Ⓒ g/kg dm または dmに対する割合(%)

乾物から粗灰分を引いた値。

粗タンパク質、CP Ⓐ Ⓒ g/kg dm または dmに対する割合(%)

測定された窒素量に6.25かけて計算する。タンパク質は平均で16%の窒素を含有するため、16×6.25=100%となる。飼料中のアンモニアの割合により、実際のCP含量と全CPの間に違いを生じさせる。

粗灰分、CA Ⓐ g/kg dm または dmに対する割合(%)

約450℃で燃焼後に残っている分画。飼料中に含まれるミネラルと土壌が含まれる。牧草またはグラスサイレージには乾物1kg当たり80～100g(8～10%)のミネラル成分を含み、トウモロコシは乾物1kg当たり30～45g含んでいる。高いカルシウム値は、しばしば土壌の混入が原因である。

有機物の消化率、DCOM Ⓒ % (D値)

理論的に消化できる有機物の分画。刈遅れの作物、木化(リグニン、ADL)した作物は、ほとんど消化されない。日照時間が長くなると、牧草の木化は早くなる。デントコーンでは、穂軸のデンプンの構造が、木化によって消化率が低下する。したがって、穂軸の割合が低くなることは、低い消化率を意味する。コーンの種類により細胞壁の消化率がかなり異なる。

可消化有機物、DOM Ⓒ g/kg dm または dmに対する割合(%)

有機物は有機物の消化率により計算される。ルーメン機能が低下していると消化される有機物の実際の量はかなり低くなる。

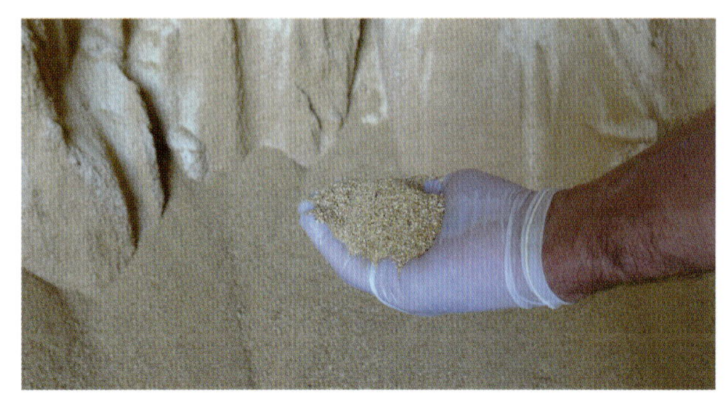

分解可能な脂肪/油は、多くのエネルギーを含む。しかし、5%以上の分解可能な(ルーメンで利用できる)植物性脂肪/油は、ルーメン発酵を妨げる。分解されなかった脂肪はルーメンを通過して小腸で利用される。

異なる区画から収穫された牧草の品質がかなり異なる場合、別々のまとまりとして考える。分析は異なるロールから採取し混合サンプルで行う。

発酵性有機物、FOM Ⓒ g/kg dm または dmに対する割合（%）

ルーメン内の微生物に利用される（分解される）有機物の量。非分解性タンパク質、ゆっくり消化されるデンプン、そして脂肪で構成される有機物は、発酵性とは考えられていない。

したがって、FOMはDOMから算出される。グラスサイレージでは、FOMはDOMのおよそ80～85%で構成されている。デントコーンサイレージでは、時間とともにデンプンがより早く消化できるようになるため、FOMは増加していく

粗繊維、CF Ⓐ g/kg dm または dmに対する割合（%）

細胞壁成分の量のための古い値。繊維価を計算するために使用される。CFが容易に消化されるならば、その飼料はほとんど繊維が含まれていない。CFの消化率はリグニン含量（ADL：木化）に大きく依存する。

中性デタージェント繊維、NDF Ⓐ g/kg dm または dmに対する割合（%）

細胞壁の総重量の値として、とても一般的に使用される。NDFはセルロース、ヘミセルロース、リグニン、そして熱障害性タンパク質（メイラード反応物）で構成される。

NDF消化率、NDFD Ⓒ %

理論的に消化されるNDFの分画。その消化率は主に木化の進行（リグニン;ADL）に依存する。

酸性デタージェントリグニン、ADL Ⓐ g/kg dm または dmに対する割合（%）

リグニン（木化物）含量。リグニンは消化できないが、繊維含有率に大きく貢献する。リグニン含有量が高いと有機物、粗線維とNDFの消化率は低くなる。

酸性デタージェント繊維、ADF Ⓐ g/kg dm または dmに対する割合（%）

細胞壁のほとんど消化されない分画。

繊維価、FV Ⓒ g/kg dm

繊維価はCF量を基準に見積られる。飼料に糖または易分解性デンプンのように、すぐに分解される成分が多く含まれる場合、FVはすぐに分解される成分が少ない飼料よりも低く計算される。

飼料が裁断、すりつぶし、または過度のミキシングにより、粒子長がかなり小さくなっている場合は、FVは非常に多く見積られていることになる。

正味エネルギー、NE Ⓒ mega calorie（MC）または mega joule（MJ）/kg dm

消化、ガス、ふん、尿での損失を差し引いた後に、牛が利用できるエネルギー。発酵代謝可能エネルギー（FME）は、ルーメン内微生物叢に利用できる代謝エネルギー（ME）を示している。

泌乳正味エネルギー、NEL Ⓒ mega calorie（MC）または mega joule（MJ）/kg dm

動物が維持、乳生産、成長に利用する飼料中のエネルギー。NELは飼料の組成に影響される。

腸内消化性タンパク質、IDP Ⓒ g/kg dm または dmに対する割合（%）

小腸内で消化されるタンパク質量を算出した値。腸内消化性菌体タンパク質（IDMP）の総量と腸内消化性非分解性タンパク質（IDUP）の総量を合計したものから構成されている。IDP量の計算に、いろいろなモデルが使用されている。IDPの総量は、不十分なルーメン内発酵の場合には過大評価されやすい。

タンパク質が豊富に含まれる製品中のタンパク質の分解性は、IDUPの総量すなわちIDP総量に大きな影響力がある。正確な用語は国々で異なるが、異なるタンパク質分画を定義する原則は同じである。

分解性タンパク質バランス、DPB Ⓒ g/kg dm

製品にルーメン内微生物が基本的に利用するFOMのような分解性タンパク質をたくさん含む場合、DPBは平衡状態である。DPBは過剰が正の数で、不足が負の数となる。餌を最適にするには、DPB値を正に、そしてできるだけ低く維持する。乾物1kg当たり10～15gが、実際に下限値となる。

Ing. A. Malestein. と協力し作成した

ストール内の反芻嚥下物は、通常歯に問題があるときにみられ、しばしば、牛が乳歯（奥歯）を失ったときにみられる。飼料中に鋭利なものが含まれるとき、または、口内に外傷があるときにもみられる。

穀物はアルカリ、圧ペン、粉砕、加熱蒸気処理される。この処理により、発酵性が5～10%以上速くなる。

第4章
計測と牛から読み取る管理

毎日、牛は、飼料、健康性、そして快適性がどうであるか、その状況を正確に伝えている。牛たちの生産を毎日チェックしてみる：全ての牛が十分に食べているか、毎日全ての牛が最高の餌を口にしているか、何か調整が必要なことはないか。カウシグナルズに加えて、すでに計測されたデータ（例えば、乳生産量の推移、乳成分、牛の成長、健康状態、飼料効率など）もチェックしてみる。メタンガスの排出や窒素利用についても確認が必要である。

平均とバラツキ

牛群を評価するとき、平均を推定しながら、個々の牛の間に大きな違いが認められないかどうか確認する。飼料はいつも平均的な牛を基準に計算する。牛群内の大きな違いは、結果を悪化させる原因かもしれないが、飼料摂取量の問題に起因しているかもしれない。

牛群内の初産牛の体格が明らかに小さい場合、より多く成長する必要があるが、採食時に飼槽付近で他の動物に追いやられやすいことを知っておく必要がある。初産牛の搾乳日数90日後、人工授精されるまでしばらくの間、乳量の観察を行う。必要であれば、初産のグループを設けることを考える。初産が乾乳に入るときにとても痩せている場合、2産での乳生産は通常期待ができない。小柄な初産がいることは、育成期の管理の改善が必要であることを示している。

異常が認められる牛、特に注意が必要な牛

農場の平均から大きく異なる牛を見極める。ルーメンが充満していない牛、またはコンディション（BCS）がとても低いまたはとても高い牛がそれに当たる。これらの牛には、特に注意が必要である。常にその原因を確認するようにし、状況の改善に努める。その状況を記録して、そのことに関連することがないかどうか確認する。例えば、それらの牛全てが初産牛、または跛行を呈する牛ではないか？

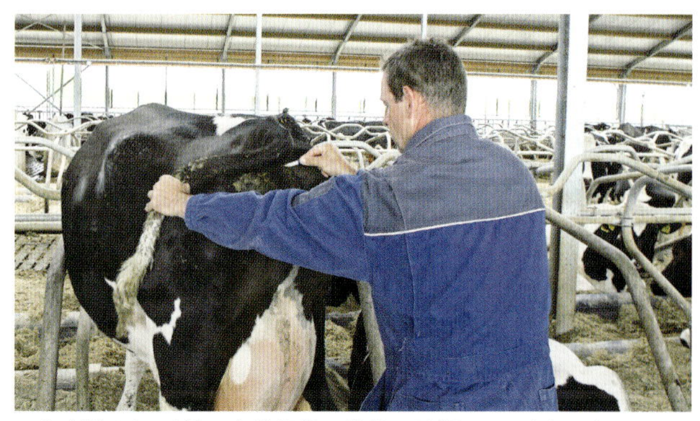

牛を視る人はだれでも体温計で体温の確認、ノートまたはそのほかの方法で記録、情報の受け渡し（引継ぎ）をしなければならない。

効果的な牛の管理を行うためには、牛群の中に行きそこに立ち、そばから全ての牛を観察することが必要である。その際に、泌乳ステージを考慮に入れて観察をし、特に問題が起こりやすい牛たちの状況を確認する。

クイズ **乳生産量が期待よりも少ない。あなただったら何をしますか？**

牛は状況を正確に知っていて、いつも正確に伝えてくれている。そのため、牛を確認することから始める。そして餌、飼料組成、飼料原料に戻っていくようにする。1日を通して全ての牛が十分に食べていますか？　全ての牛が正確に調製された、良質な餌を食べていますか？

リスクを知り管理すること

ハイリスクな牛＝指標となる牛

ハイリスクな牛は、あるリスクによって最初に影響を受ける牛。ハイリスクの牛を知っていれば、改善指標となる牛として扱うことができる。これらの牛に問題がみられなければ、存在しているリスクが問題を引き起こすことはないと考えられる。

例えば、フレッシュ牛および高産乳牛はルーメンアシドーシスのハイリスクグループであり、初産牛、弱い（社会的序列の低い）牛、および跛行牛は、飼槽に十分にアクセスできないハイリスク牛である。

ハイリスクな時

飲水および採食で競合が起こるときは、給餌の時がハイリスクな時となる。その牛は、1日中または1日のある時間帯にグループに受け入れられないでいるかもしれない。

個別の牛で影響を受けるハイリスクな時は、分娩や発熱の時などである。グループ全体に影響を与える時は、気温の高い時、餌の切り替え時期などである。ハイリスクな時には、牛の採食行動とルーメンフィルスコア、またはその直後にルーメンフィルスコアとふんの状態を評価する。

ハイリスクな場所

飼料摂取量に負に働く可能性のある場所全てが、ハイリスクの場所である。例えば、適切ではない飼槽フェンス（飼槽構造物）、行き止まり、狭い通路である。

餌のふるい分けと選択採食

し好性、繊維の裁断長、撹拌

牛は、舌の幅（6～7cm）よりも長いものを、ふるい分けることができ、小さな飼料分画を選別することができる。

牛は他の組成よりも好きな飼料組成、特に甘いものを選択して食べる。実際に、牛は栄養価の高い飼料を選択する。

牛は、腐敗している、砂が混入している、カビ臭い、カビの生えた餌は嫌う。酸味および苦味自体は問題ないが、酸味または苦味も強すぎるものは好まない。牛は、茎の多い飼料を積極的に食べるため、し好性が高くなければならない。牛が行う餌のふるい分けは、餌を適切にミキシングすること、6～7cmよりも短い粗飼料を使用することによって防止できる。牛が餌から小さな飼料片をふるい落とす可能性がある場合は、混合した餌に水を加えてわずかに接着性を持たせるようにする。

餌の選別のハイリスクな牛

早く食べる牛、大量に餌を食べる牛:ルーメンアシドーシスのリスクがある。泌乳初期に、ふんがとても柔らかい（厚さが薄い）、または歩行が困難（蹄出血）な牛がいないか確認する。

第2順で食べる牛:飼料、エネルギー、タンパク質の摂取量がとても少なくなるリスクがある。ルーメンフィルスコア、乳生産（乳量、乳成分）、コンディションスコア（BCS）を確認する。

餌のふるい分けのシグナル

徴候

鼻づらの周りに飼料の小片が付着している。牛は鼻で餌をかき混ぜ、とてもおいしい成分を探し出す。

飼料のくぼみ。牛は、飼料をかき回すことで、小さく、分離する小片を床に落とし、なめることができるようにする。

確認

異なるふんの状況。これは、牛が同じように飼料を採食していないことを示す。とても厚さの薄いふんは、常に悪いサインの1つである。

残渣（飼槽に残った餌）と給与直後の餌をパーティクルセパレーターで分離した後の違い。牛は繊維の長さにより選択する。パーティクルセパレーターは、飼料の裁断長・粒子長の異なる分画の重量比を測定することができる。

飼料摂取

ルーメンフィルスコア、腹囲膨満度、ボディーコンディションスコアにより、牛が採食した飼料および栄養分が充足しているか知ることができる。牛がほとんど餌を食べていない（ルーメンがとても凹んでいる）場合、2日続くと腹囲膨満度は著しく低下し、1週間続くとボディーコンディションスコアは低下が始まる。

適正な牛　この牛は十分に餌を採食している。ルーメンフィルスコア、腹囲膨満度、ボディーコンディションスコアは問題がない。

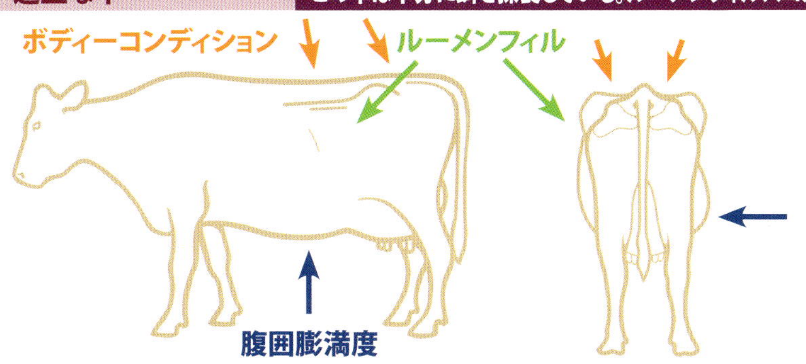

ルーメンフィルスコア　この牛は今日1日十分に餌を採食していない。

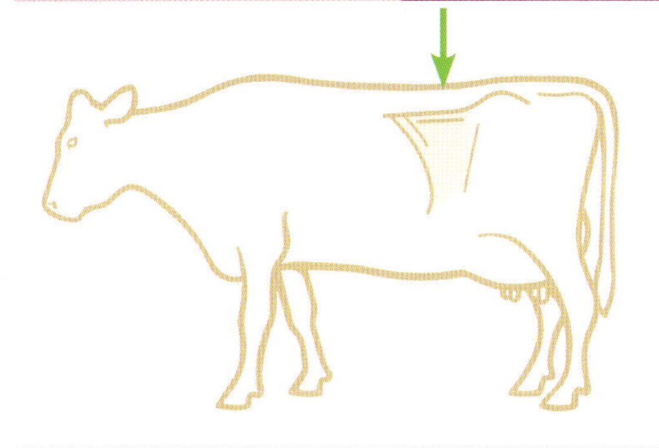

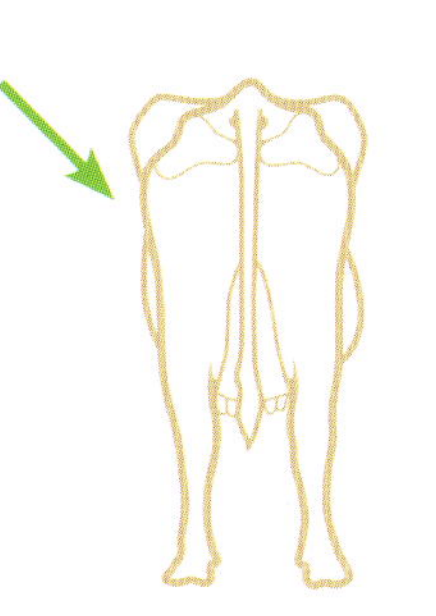

腹囲膨満度　この牛はこの1週間十分に餌を採食していない。

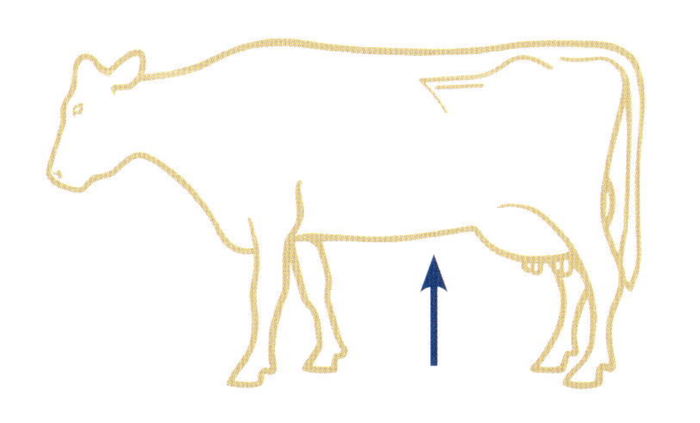

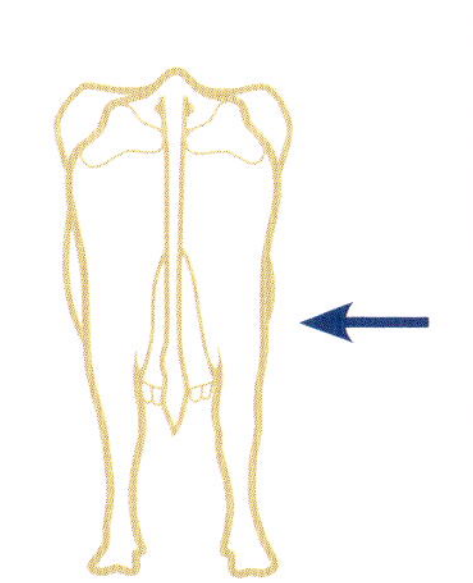

ボディーコンディションスコア　この牛はこの1ヵ月間十分に餌を採食していない。

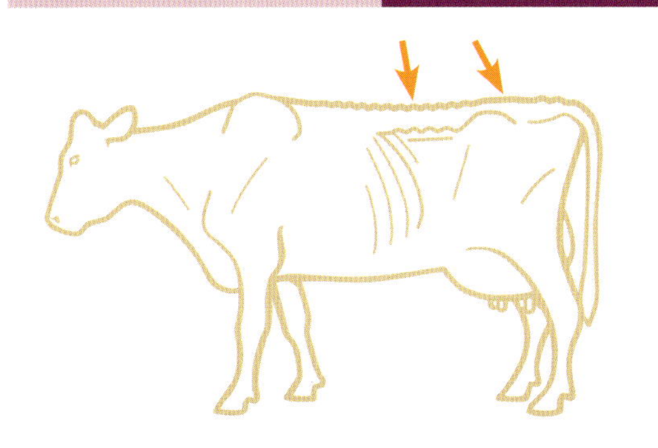

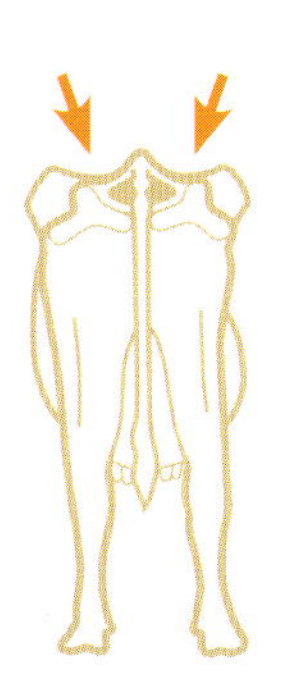

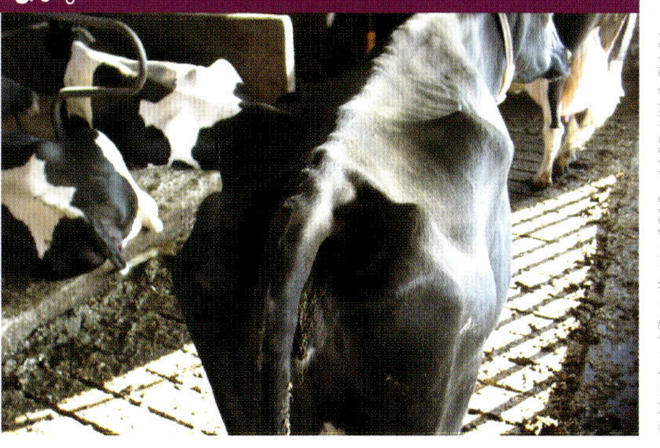

腹囲の断面図

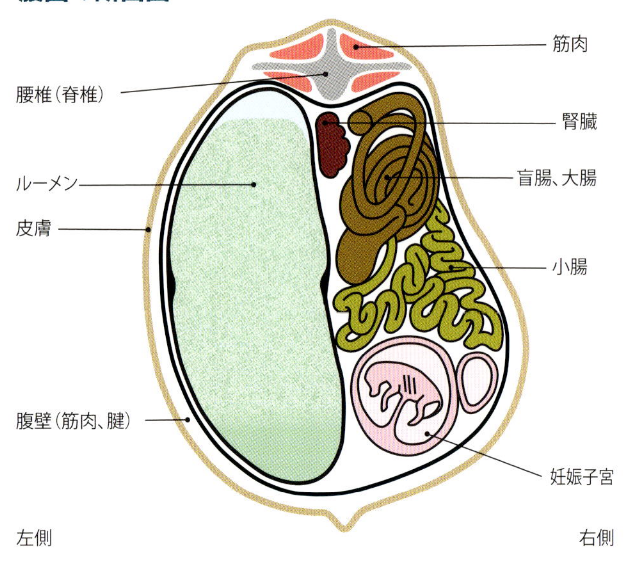

妊娠5～6ヵ月の経産牛の膁部の腹囲横断面の図。泌乳開始時ルーメンは大きく、子宮は小さい。妊娠の中盤では子宮はだんだんと大きくなり、ルーメンをわずかに圧迫するようになる。

ルーメン

ルーメンは腹壁に沿って左側の腹部に位置する。ルーメンは腹腔の上部に達しているため、いつもおおよそ同じ場所に位置する。膁部では腹壁の厚さはわずか3～4cmである。膁部はルーメンフィルスコアを調べるのには良い場所である。

ルーメンの充満と繊維層の蓄積によりルーメンの形状と膨らみ方が決まり、腹囲の膨満につながる。腹囲の膨満は腸、腸内容物、そして子宮の妊娠状態で決定する。

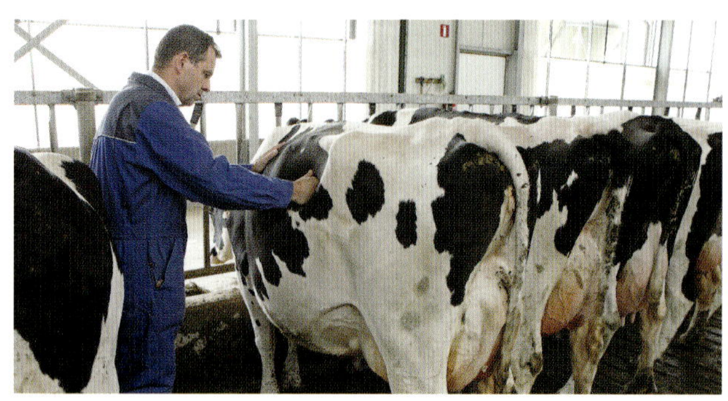

膁部の左側で、ルーメンの運動を触知でき、聴診器で運動音を聞くことができる。健康なルーメンは1分間におよそ2回の収縮運動をしている。牛は平均5分に2回ゲップする。この時吐くガスのほとんどは、肺に空気と一緒に吸い込まれてから吐き出される。わずかな量のガスは、直接排出される。ルーメン内のガスは、特徴的な臭いがある。

写真クイズ　分娩後の新たに移動した初産牛。何が見て取れるか、何をすべきか？

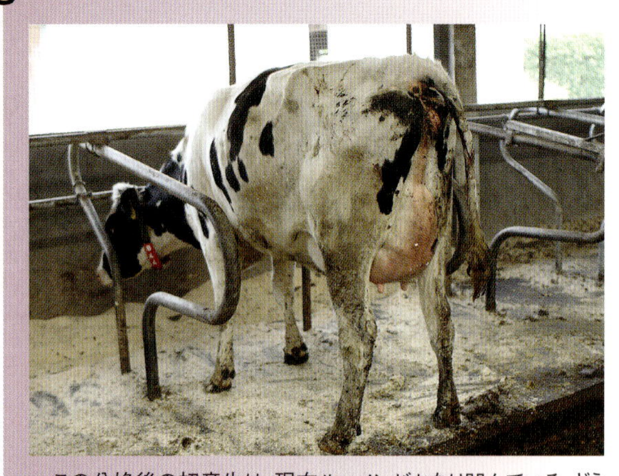

この分娩後の初産牛は、現在ルーメンがかなり凹んでいる。どうしてほとんど食べていないのか確認する：飼槽が空っぽなのか、餌のし好性が十分ではないのか、動物の健康状態が悪いのか、食べに行きたがらないのか？　例えば、濃厚飼料を個別に給与するようなPMRの飼料給与形態では、十分に粗飼料を採食していることが確認できれば、新たに分娩した牛に少し多くの濃厚飼料を給与するだけである。濃厚飼料の給与をこの初産牛にだけ増加するのではない。難産で娩出し、移動するのが難しい牛は、さらに2～3日麦稈の敷かれたペンにそのままにしておく。

写真クイズ　乾乳牛。何が見て取れるか、何をすべきか？

真ん中の牛は、かなり凹んだルーメンをしている。右上の牛も、ルーメンが凹んでいる。全ての牛のルーメンフィルスコアを確認する。全ての牛がほとんど食べていないのか、この2頭だけなのか。全部の牛がほとんど食べていない場合には、ほとんど餌がない、し好性が悪い、または十分な水がないことになる。何頭かの牛が十分食べていない場合は、グループ全体で餌を一緒に食べる場所がないか、餌の量が少ない、またはそれらの牛が病気である。その原因を取り除かなければならない。乾乳牛はいつでも十分に餌を食べていることが必要である。

ルーメンフィルスコア

1頭1頭の牛を確認し、グループ内の平均的な採食状況を評価し、そしてほとんど食べていない牛たちを特定するためにルーメンフィルスコアを使用する。

スコア 1

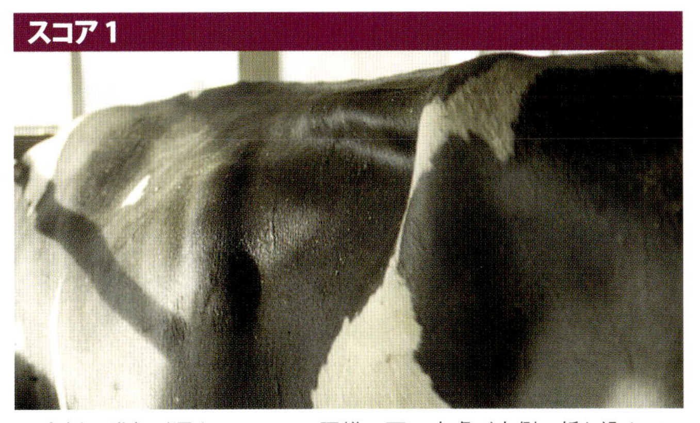

左側の膁部が深く凹んでいる。腰椎の下の皮膚が内側に折れ込んでいる。腰角からの皮膚の折れ込みが垂直に下に向かっている。最後肋骨の後ろの膁部の凹みが手のひらの幅1つ以上である。横から見ると膁部のこの部分が台形に凹んで見える。この牛は、急な疾病、または餌の量が少ない、し好性が低いことにより、ほとんど食べていないか、何も食べていない。

スコア 2

腰椎の下の皮膚は内側に折れ込んでいる。腰角からの皮膚の折れ込みが最後肋骨の方に斜めに向かっている。最後肋骨の後ろの膁部の凹みは手のひらの幅1つ程度である。横から見ると膁部が逆三角形に凹んで見える。このスコアは、分娩後最初の1週間でしばしばみられる。泌乳の後半で、このスコアは摂食量が不十分または餌のルーメン内通過速度（率）がとても速いサインである。

スコア 3

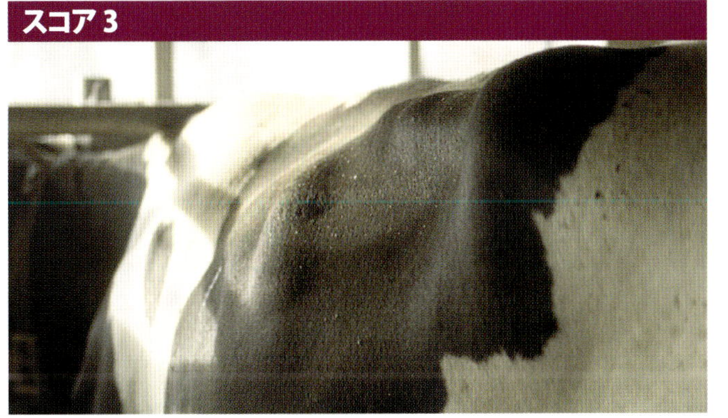

腰椎の下の皮膚は手のひらの幅1つ分下に垂直に向かい、その後は外側に向かっている。腰角からの皮膚の折れ込みははっきりとしない。最後肋骨の後ろの膁部の凹みは観察される。このスコアは搾乳牛で適切なスコアである。よい餌を採食し、餌が適切に十分な時間ルーメン内に存在しているときに見られるスコアである。

スコア 4

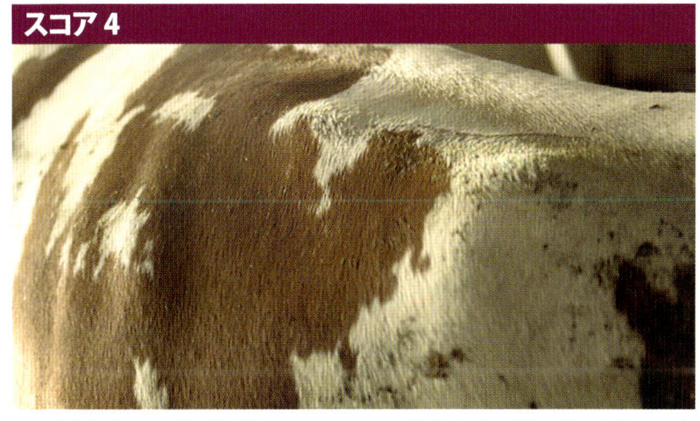

腰椎部分の皮膚が外側に向かっている。膁部の凹みは肋骨の後ろに見られない。このスコアは、泌乳の最後に近い牛および乾乳牛の適切なスコアである。

スコア 5

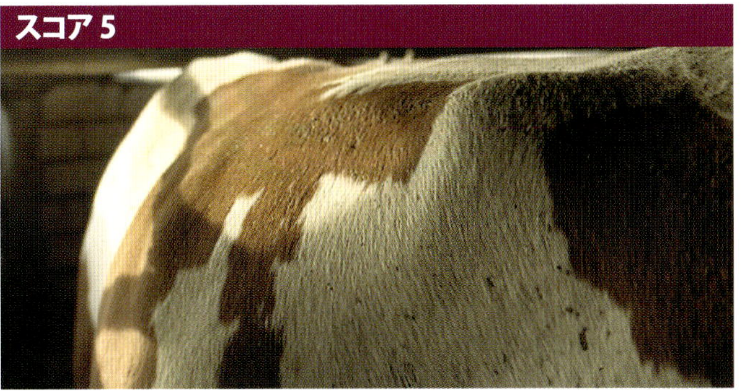

ルーメンがしっかりと膨らんでいて、腰椎が見えない。腹部全体の皮膚がかなり張っている。膁部と最後肋骨の境が分からない。このスコアは、乾乳牛の適切なスコアである。

スコアの取り方

日々の検査で、必要な時はいつでも全ての牛のスコアを取る。ルーメンフィルスコアはスナップショットのようなものである。そのため、いつでも状況を良く反映するようにその日でも違う時間帯でスコアを取るようにもする。1日を通してルーメンフィルスコアは最適なスコアの0.5ポイント内の範囲であるべきである。通過速度（率）の遅い（スロー飼料）餌を給与している時の適したスコアは、通過速度（率）の速い（ファースト飼料）餌を給与しているときよりも高い。

したがって、乾乳牛の理想のルーメンフィルスコアと搾乳牛のスコアは異なる：

- 搾乳牛：3.0から4.0
- 乾乳牛：4.0

結果の解釈：

- 何頭かのスコアがとても低い：それらの牛をケアする
- グループ内のばらつきが大きい：原因を取り除く
- スコアがとても低いまたはとても高い：各飼料と給与している餌を確認する

うまくいっているか、それとも改善の余地があるのか？

農場の分析で、生産性と健康状況、そして成功要因を調べることになる。成功要因は生産目標に到達するために構築する必要がある考え方である。構築後は、2、3のリスクがあるだけになる。一般的な生産の問題の発生が増加し、改善するための選択肢がはっきりとしないならば、全体的な分析を実行する必要がある。この種の分析は、全体的に農場の管理を評価する機会にもなり、大変価値のあるものである。

牛が死んだ原因がはっきりしないならば、牛の剖検を依頼する。例えば、出血性腸症候群（HBS）であれば、牛は突然病気になり小腸内への血液の損失により死亡する。この原因は、牧草のカビ（Aspergillus fumigatus）、飼料中の多くのデンプンと糖、抵抗性の低下の組み合わせであるようである。

写真クイズ　計画通り物事が進んでいない。何をしますか？

第1に、偏見を持たずに徹底的な分析を行う。問題点を1つの文章で記述することから始める。

正確に続けていることは何か、話し合いは何のことについて行われているか？　それから、影響している要因に対する作業リストを作成する。次に生産データ、作業手順、飼料台帳、そして牛の順番をくまなく調べる。影響している要因に特段の注意を払いながら、これらの過程を評価する。何か変更すべきことはないかどうか確認する。その問題は特定のグループ、泌乳ステージ、特定の時期に関係しているかどうか評価する。

生産に関する問題の農場分析

- 乳生産データを季節、泌乳ステージ、および産次で区分けする
- 牛の健康データ:病気の発生、農場内の感染症の状況:BVD、IBR、ヨーネ病、サルモネラ症、肺吸虫、消化管内寄生虫など
- 繁殖:搾乳日数、妊娠の指標群
- 食べている給与飼料とその量
- 目標、カギとなる指標群、改善サイクルを伴う農場での作業
- 固定化された計画、体制、手順による農場での作業

飼料の管理:
- 飼料在庫の品質:腐敗、し好性
- 栄養価の分析、評価は正確か?ロット内でのばらつきはないか?
- 給餌:毎日正確な量で調製、運搬されているか?
- 飼槽での飼料:選択、腐敗、し好性、残渣（食べ残し）の量
- 飲水の供給

経産牛:
- 一般的な観察:毛づや、ルーメンフィルスコア、BCS、汚れと原因、ふん、飛節と蹄の健康度
- 採食できる時間
- グループ内のばらつきはないか?どのような特徴があるか、どのような牛なのか?
- 泌乳ステージおよび乾乳期でのBCSの変化
- 移行期での採食量および健康状況

カビ毒

飼料原料（飼料、濃厚飼料、添加物、湿った副産物）が、カビ毒に汚染されていることがある。濃厚飼料と副産物は特にカビやすい。この危険性は地域、発生状況、部分的な感染、特に副産物の流通過程、飼料組成の間で大きく異なる。最も重要な徴候は、飼料摂取量がとても少ない、健康上の問題が増加、授精受胎率の極度の低下である。主要なカビ毒を分離するために研究所へ飼料サンプルを送る。サンプルの採取、結果の評価については専門家に尋ねる。

ルーメンがとても良く機能している健康な牛は、健康上の問題およびルーメン機能の低下している牛と比べて、カビ毒の影響をほとんど受けないようである。

ふんを評価する手法

ふんは、飼料がどのように消化されているかその状況をはっきりと示している。そこで、最初にふんを確認し、乳生産、使用している飼料原料、および飼料効率に関する知見を得る。

主なチェックポイント：

- 通過速度（率）：薄く広がるふん、多くの大きな飼料片はとても速い通過を示す;粘液を含む厚いふんは遅い通過を示す。
- 消化の程度：長い繊維の量とはっきりと識別できる飼料原料は消化程度の目安である。
- 牛の間や日々の変化：よいルーメン機能のためには、食べる餌はできるだけ変化が少ないことが望ましい。
- 色：飼料原料による。明るい色のふんは飼料中のタンパク質が少ないことを示していることがある。牛の間での違いもチェックする。どの牛がどのようなふんをしているのか、それはなぜなのか?
- におい：よく消化されているふんは無臭に近い。アンモニア臭は、尿と混合された後に発生する。

ふんをしている牛を見て、ふんの落ちる音を聞く。よいふんは手を叩くような音である。プシューまたはシーシーシーのような音が聞こえた場合は、ふんがとても薄い状態である。

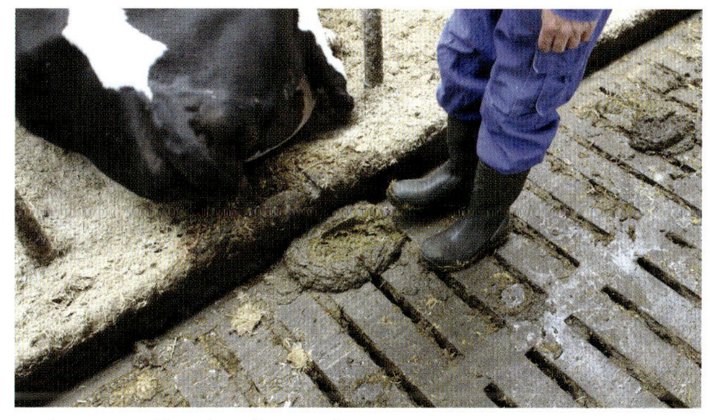

牛のふんの横に立ちブーツで踏みつけることで、その性状と消化の程度を確認することができる。ふんは均一で、細かい繊維またはペースト状なのかどうか、長い繊維、ガスの気泡は含まれていないか、スープ状ではないかどうか観察する。

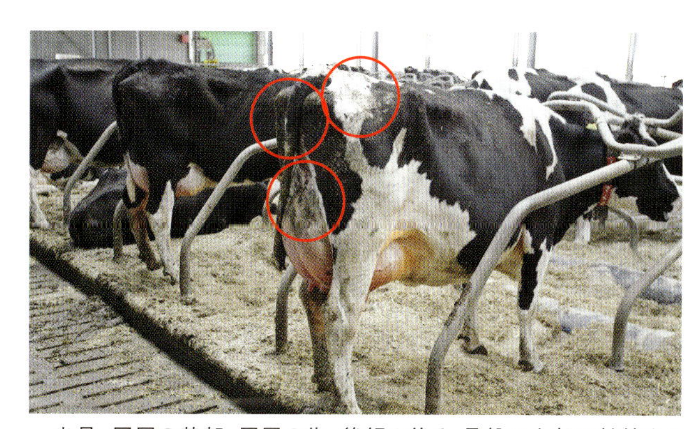

坐骨、尻尾の基部、尻尾の先、後躯の後ろ、骨盤の上部に付着するふんは、牛自身でつけた汚れである。このことは、この1週間に軟便、または下痢であったことを示す。

通路上のふんのシグナル

多くの繊維様の塊がある。これらは大量の繊維を含むふんを踏みつけたときに見られる。これらの塊を多く見つけた場合、ふんの消化程度をチェックする必要がある。手や茶こしで状況を確認することができる。

スープ様のふんは薄く、悪臭があり、リングは形成しないがある程度広がりのある塊となる。とても多くのデンプンは、ルーメンと腸管を通過し、大腸内に移動し発酵して過度の酸性とガスを発生し、腸内細菌叢を崩壊する。

このようなふんは、ときどきガスの気泡も含み、多くの粘液を含むためキラキラ輝いているように見える。

ふん性状スコア

少し時間のたったふんでもふん性状をスコア化できる。すのこを通って下に落ちるふんはスコア2または1である。

この写真は、ふんとしてほとんど認めることができない、水様性のふんを表している。このようなふんは、かなり病気が進んでいる牛のものである。

ふんとして認めることができ、薄く広げたカスタードのように見える。硬い床面にふんが落ちるとき、はねて飛び散る。牛が発育したばかりの大量の牧草地に放牧されたとき、または餌の調製に不適切なことがあるときに見られる。

ふんは高さ2～3cmの塊をして厚みのあるカスタードのように見える。床に落ちたときに、やわらかいポトンという音がする。

ブーツテスト：ブーツを引き上げたときに、ふんにはブーツ底の後は残らず、ブーツにもつかない。これは、理想的な状態である。餌は見た範囲では、よく消化されている。

ふんは厚みがあり、床に落ちるときに重いボトンという音がする。リング状の山が形成されることがよくある。
ふんの山の高さは、指の長さ以上ある。

ブーツテスト：ブーツを引き上げたときに、ふんがブーツにくっつき、ブーツ底の形が残る。これは、餌の調製に不適切なことがあるときに見られる。乾乳牛および妊娠している未経産牛にとっては、このスコアは適正である。しかし、いつも餌の組成を確認する。

ふんの固まったボール（馬糞様）。

ブーツテスト：靴底に抵抗を感じ、ふんの上にブーツの跡が残る。乾乳牛と妊娠している未経産牛では、柔らかいふんからこのようなふんになることがある。餌のバランスが良くなく、調整が必要なことを示している。

ふん消化スコア

どのように餌が反芻され消化されたか読み取ることができる。落ちたばかりの新鮮なふんを検査、触知する。

スコア1

ふんは光沢があり、クリーミーな乳液のような感じで均一である。未消化な飼料片は触知されない、または見られない。これは搾乳牛および乾乳牛で理想的なスコアである。

スコア2

ふんは光沢感があり滑らかな感じがして、均一感がある。触るまたは見ることができるいくらかの未消化飼料片がある。これは、搾乳牛および乾乳牛で受け入れられるスコアである。

スコア3

ふんはわずかにザラツキ感があり、均一に感じられない。手の中で軽く握り、手を開くと、指先に未消化な繊維が付いたままになる。このふんは、妊娠している未経産と乾乳牛では受け入れられるが、搾乳牛では適さないスコアである。

スコア4

ザラツキのあるふんは、かなりきめの粗い飼料片を含んでいる。未消化片ははっきりと視ることができる。

手の中で軽く握り、手を開くと、手の中に未消化飼料の塊が残る。飼料の調整が必要である。

スコア5

粗い飼料片がふんの中に触れる。未消化な飼料成分がはっきりと認められる。ふんは表面がざらざらである。

飼料の調整が必要である。

ふんのこし分け

こし分けられたふんは、ルーメンの通過および消化状況のよい判断材料となる。ふんのこし分けは、簡単な道具を用いて簡単に行える。

ステップ 1

道具：料理用のふるいとビーカー。大きめに作られたふるいがベストである。0.5～0.7リットルの容量のビーカーを使う。

ステップ 2

グループごとに少なくとも5頭の牛からふんを集める。作業を円滑に行うためにサンプリング計画を立てておく。グループ内に異常なふんの牛が多い場合は、分けてサンプルを取る。

ステップ 3

ふんでビーカーを一杯にする。

ステップ 4

ビーカー内のふんを全てふるいに移す。

ステップ 5

ホースのスプレーノズルでふんを洗う。ふるいの縁の上の方から水をかけないようにする。

ステップ 6

洗っている水がきれいになったら終了する。

ふるいでこし分けたふんの評価

ふるいにかけたふんの評価は、飼料の消化の過程を評価する1つの方法である。飼料の組成、乳生産、飼料効率、牛の泌乳ステージのような他のデータと一緒にこの情報を利用する。

ふんを評価するときに何に注目するのか。

1.　長い繊維（>1.2 cm）

長い繊維の存在は、反芻の程度とルーメンを通過する速度について何か教えてくれている。高産乳牛からのふんにいつもいくらかの長い繊維がみられる。

2.　消化の程度と未消化飼料の有無

ふん中の栄養成分が失われるような、飼料の未消化物があってはならない。ルーメンの通過速度がとても早い、ルーメンアシドーシス、または有効繊維がほとんどないことが原因となる。あるいは、不十分な穀類処理の問題があるかもしれない。

3.　ムチンの帯のようは一般的ではないサイン

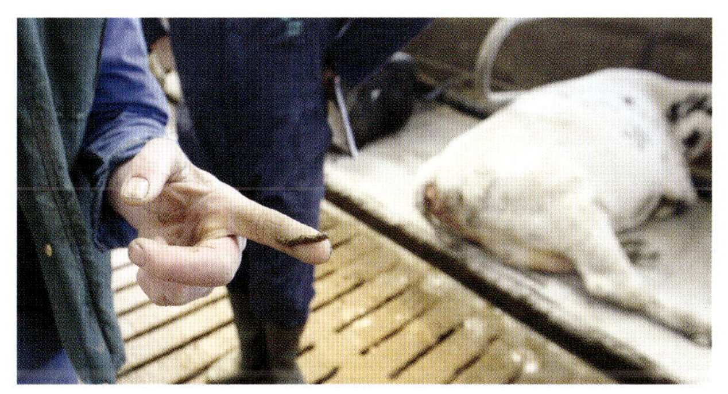

ムチンの帯は大腸壁が過度に刺激を受けているサインの1つである。このことは、ルーメンアシドーシスによりとても速くルーメン内容物が通過した結果、起こることが多い。

4.　ふるい内に残った量

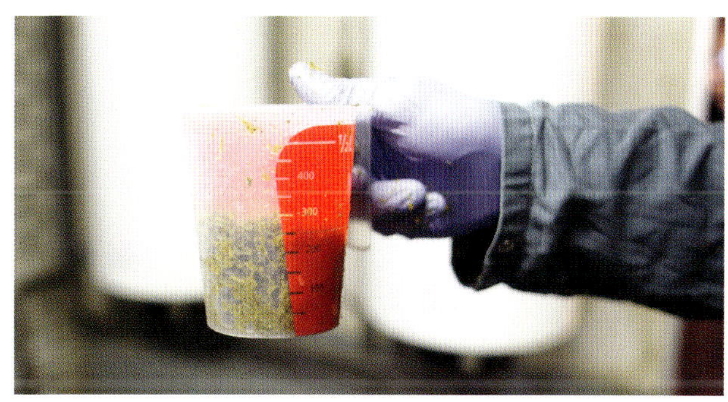

ふるいで洗い終わったふんをビーカーに戻して量を計測する。ふるいにいれたふんの量の半分よりも多い場合、餌の消化は低い。

写真クイズ　このふんに何か見つかりますか？

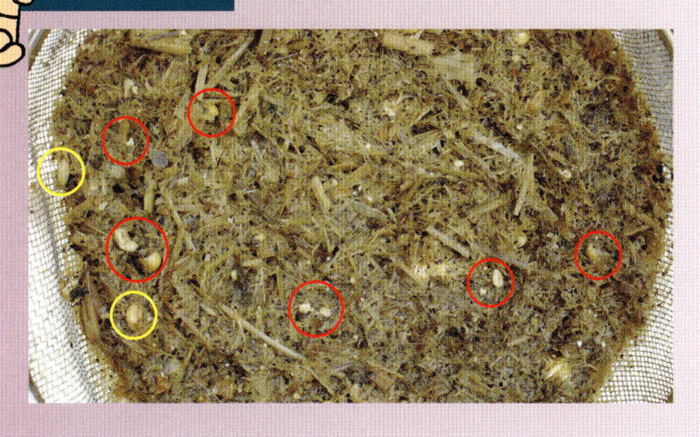

ふん中に多くのトウモロコシの実（赤丸）がある。刈り取り機の脱穀機は適切に機能しており、子実は完全に損傷を受けているはずだった。未消化の子実が残った原因は、子実が完熟であった、またはルーメンの通過速度がとても速かったため、デンプンが十分に溶解されなかったためである。2つの小麦の粒（黄色丸）も見つけることができる。穀類の実に傷がつかなければ、外皮によって牛の消化管内で消化されるのが妨げられる。穀類が飼料の構成成分であれば、適切に処理されている必要がある。ふん中に穀類は発見できないのがよい。しかし、穀類は茎からも混入することもあり、その場合は無視して考えてよい。また、多くの長い繊維も見つけることができる。

これは、餌が適切に噛み砕かれておらず、とても速くルーメン内を通過していることを意味する。ルーメン運動を調べる必要がある。餌がルーメン内により長い時間とどまり、消化されることが必要：繊維を多くする、迅速に消化される炭水化物を少なくする。

第5章

管理者による計測と管理

信頼のできる情報と数値を持つことで、運営管理と正確な飼料作成を行う目標を立てることができる。飼料原料に関して、量、品質、価格の目標を立てることができる。給餌に関して、行うことの目的をはっきりとさせることができる。そして、採食に関して、牛の乳生産、飼料摂取量、消化、健康、繁殖および行動を分析できる。

給餌を行うまでの全ての過程で、日を決めて時間をかけて評価を受ける。これは、全ての牛に対して、1日全体、1週間行う：数値の確認、飼料調製、給餌、採食状況、牛、およびふんである。

重要なことは何であるかに焦点を絞る

酪農場には、3つの主な生産過程がある：乳生産過程、子牛を生産する過程、後継牛（育成牛）の生産過程である。これらの過程の変化に素早く対応できる最小限の指標で実施することができる：それが主要業績指標（KPIs）である。

平均値とばらつき

平均値は重要であるが、牛間のばらつきはおそらく最も重要な要因である。ひどく痩せたBCS1の牛と、過肥の牛BCS5と一緒のとき、平均BCS3の理想値になる。大きなばらつきは、管理下で適切な過程を経ていない1つのシグナルである。行うべき作業と結果は、ほとんど予想できない。時には、迅速に行動に移し、緩衝となるものを導入し、損失を受け入れなければならないことがある。

給与飼料のばらつきは、飼料成分の変動、腐敗、および撹拌だけではなく積載の誤差の結果として生じる。牛のばらつきは、健康上の問題、ルーメン内コンディション、飼料摂取量の違い、および牛の体型の違い（年齢、遺伝要因、発育）の結果として生じる。最大のリスクは初産牛と一緒の移行期、および泌乳初期に見られる。

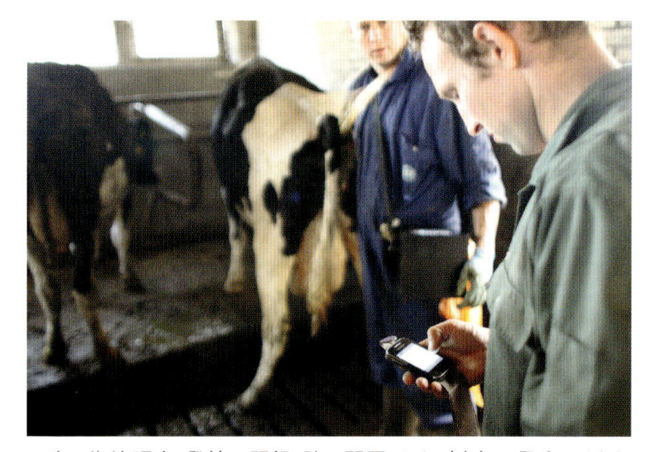

牛の淘汰理由、発情の記録、蹄の問題、および病気の発生のようなことを書き留めるとき、全ての人が100％入念に注意深く対応できるとは限らない。容易に実行できるように、全ての記入を一度に行うよう習慣をつける。

毎月1回

目標を確認すること、および良くなっていることや改善されたことを分析することは気持ちを高めて楽しく精力的に活動することにつながる。毎月のミーティングで、自分自身やスタッフに褒美を与えるようにする。

年に1回か2回

年に1,2回、助言者とともに目標、結果、何か変わったことについて確認を行う。助言者の専門的な知識を集中して修得すること、目標についてお互いに知っている最新の情報を確認することができる。

素早く詳細な分析:例

生産乳量

生産乳量は、収入を生み出すものであるため、手元にこの詳細な情報を持っている必要がある。

305日乳量

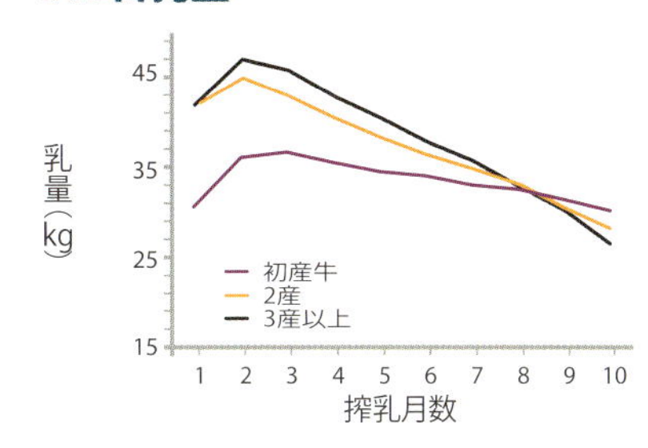

産次別泌乳曲線と305日乳量。初産は3産以上の産乳量の約85%、および2産は3産以上の95%の生産にすべきである。泌乳のピークが見られるときは、ピークがはっきりしているかどうか、急激に減少していないか(維持されているか)を確認する。

妊娠

生産者は、人工授精開始後の牛について、分娩後できるだけ早く再妊娠させることを期待している。全ての牛が分娩後56日に妊娠する準備ができているか確認する。その後は、次の作業に集中する:発情の見逃しをしない、いつも全ての牛に対して正しい手技で正確に人工授精を実施する。

累積受胎割合

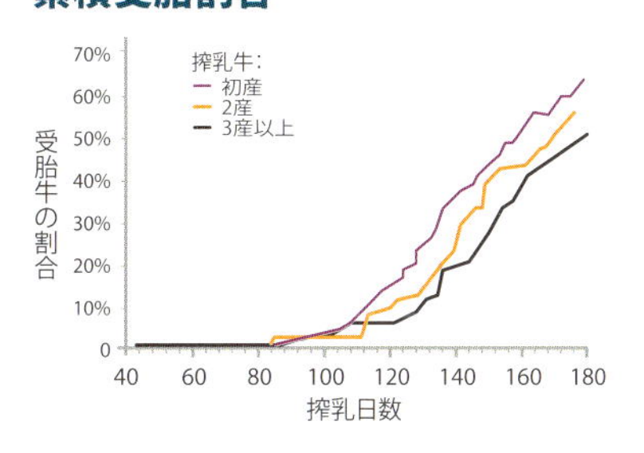

このグラフは、産次別に牛が人工授精開始時期からどのように妊娠したかを示している。3産以上の牛は妊娠するのに時間がかかっている。

育成牛の成長

後継牛の発育(成長、BCS)を重要ポイントと最終時に計測する。毎日、給餌と世話が適切に行われているかどうか確認する。初産の分娩月齢(23〜24ヵ月)と初産時の体重(ホルスタイン:575kg以上)を目標とする。そのため、全ての子牛は1日当たりの増体量目標を達成しなければならない。例えば成長曲線に従うようにしなければならない。

特に注意する期間は、出生後3ヵ月間である。最も多くの損失があり、最も多くの対策がとられる。出生後2日以内の死亡、下痢の発生、1日当たりの増体量、飼料摂取量を知っておく必要がある。

育成牛の成長曲線

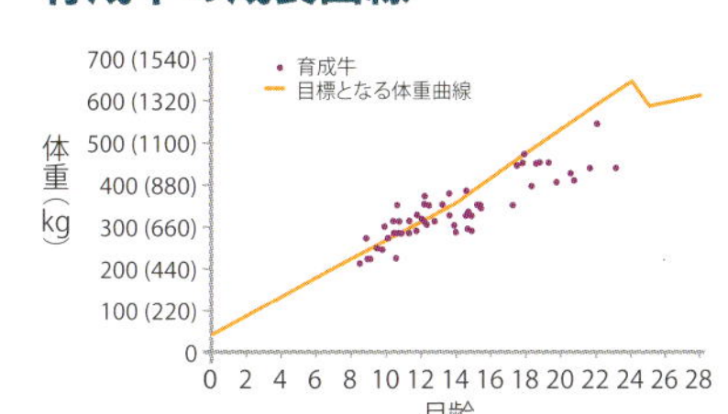

育成牛の発育を計測し、目標とする成長曲線と比較する。その後、何をすべきか分かるようになる。

飼料コストを超える収入は農場全体の収入に大きく関係するため、重要な管理指標（KPI）の1つである。継続的にこの数値を注視する。飼料価格や乳代の変動により、頻繁に計算することになる。

飼料コストを超える収入（乳価生産費差額）を指標とする

飼料コストを超える収入は、農場全体の収入に大きく関係するため、重要な管理指標（KPI）の1つである。飼料コストを超える収入は、1日または1週間を基準にモニターすることが簡単にできる。乳代から飼料コストを差し引いたものが、飼料コストを超える収入となる。脂肪タンパク質補正乳量（FPCM）100kg当たり、牛1頭1日当たり、休息場所1日当たり、または農場1日当たりに換算することができる。

農場のバランス（最低ライン）は、全ての経費を全ての収益から差し引いたあとの金額である。会計年度の終わりに年間の総合的な損益計算書を確認し、評価することができる。

脂肪タンパク質補正乳量（FPCM）の算出

日々比較ができる数値を持つために、毎日の生産乳量をFPCM kgに変換する。

FPCMは乳中の脂肪を4%およびタンパク質3.3%で乳を補正したものである。それを脂肪およびタンパク質補正乳という。

変換式：FPCM＝(0.337+0.116x脂肪%＋0.06×タンパク質%)×乳量kg

これは、牛が乳生産に必要なエネルギーを反映させている。

任務： **生産割り当て有、または割り当て無。違いはあるのか？**

FPCM100kg当たり、または牛1頭当たり、飼料コストを超えて収入を得る。

農場規模の影響を除外するために生産物の単位当たり、または生産要素の単位当たり経営指標を計算する。この生産物は乳、この生産要素は牛、または1頭の牛の占める面積である。

乳生産の割り当てが有る場合には、生産されたミルクの量は、だいたい一定である。KPIとしてFPCM100kg当たりの飼料コストを超えた収入を使用する。計算は乳生産量の乳代からFPCM kg当たりの飼料コストを差し引く。乳（乳中体細胞数、乳成分など）1kg当たりの最高乳代と低いコストを目標とする。牛1頭当たりの乳生産は、限定的な影響を持つ。

乳生産の割り当てが無い場合、農場、放牧場、または牛の数で許容されるだけの乳生産を行うことができる。したがって、KPIとして、牛1頭当たり、または牛の場所当たりの飼料コストを超える収入を使う。計算は、1日牛1頭当たりの乳代から1日牛1頭当たりの飼料コストを差し引く。牛1頭当たりの乳生産量が、確実に影響する。

飼料コストを超える収入に影響を与える毎日計測すべき要素：

- 動物の健康状態
- 1日の牛1頭当たりのFPCM kg
- 飼料効率
- 給与する飼料乾物1kg当たりの経費
- 搾乳日数

飼料転換効率

飼料転換効率は、FPCM生産乳量を合計の乾物摂取量で割ることで計算する。最適な飼料転換効率は、牛が乾物摂取量1kg当たりFPCM1.5 kg生産することである。

飼料転換効率がより高くなると消費される餌の量は少なくなる。したがって飼料転換効率は、農場経営上の最低ラインと農場の生態系への負荷に影響を及ぼす。

FPCM100 kg当たりの飼料コストをつかむために、飼料の乾物重量1kg当たりの原価を飼料効率で割る。

あまりに高い飼料転換効率を防ぐ

飼料転換効率は泌乳の開始時に特に高くなることがある。飼料転換効率が1.7を超えたとき、ほとんどの牛が乳生産に体の蓄積エネルギーを使用していることを示している。これは、血中アセトン濃度の高値（ケトーシス）および劇的なBCSの減少としても現れる。泌乳後半に補充される蓄積エネルギーによる乳産生は、飼料から直接産生されるミルクよりも多くのエネルギーを使い尽くす。

飼料の原価

全体の餌の乾物量1kg当たりの原価に影響する要因：

- 粗飼料は一般的に濃厚飼料よりも安い。飼料中の粗飼料比率が高くなれば乾物1kg当たりの原価を下げることにつながる。しかし、乳生産と飼料転換効率を順調に維持するためには、粗飼料は最高品質である必要がある。
- 濃厚飼料、特に乾燥しているものはしばしば原価が高くなる。それらは注意しながら使用し、費用対効果を確認する。
- 添加物やミネラルは劇的に原価を高める。それらが期待している効果が得られているかどうか常に評価する：飼料コストを超える収入、繁殖性、健康状態を増進しているか。

健康な牛群であることがとても重要：健康に問題のある牛は決して高い利益を生み出さない。例えば、乳中の体細胞数が10万個／ml当たり、乳1kg生産するエネルギー量を浪費している。

高い飼料効率のための経験則

1. 1頭当たりの高い乳生産
2. 初産が35%未満で健康で快適な牛群
3. 平均搾乳日数が170～180日の間
4. 最適な飼料の基準である55-30-15の範囲内を維持（p.46参照）

牛1頭当たりの1日、および生涯の乳生産量が大きい場合、飼料コストが高すぎなければ、高い収入が得られる。そして、エコロジカル・フットプリント（自然環境への依存）を軽減する。全ての初産牛は、最初に育成にかかった経費を回収しなければならず、2産以上の経産牛は1日当たり、より多くの乳を生産する。

飼料転換効率、搾乳日数と産次数

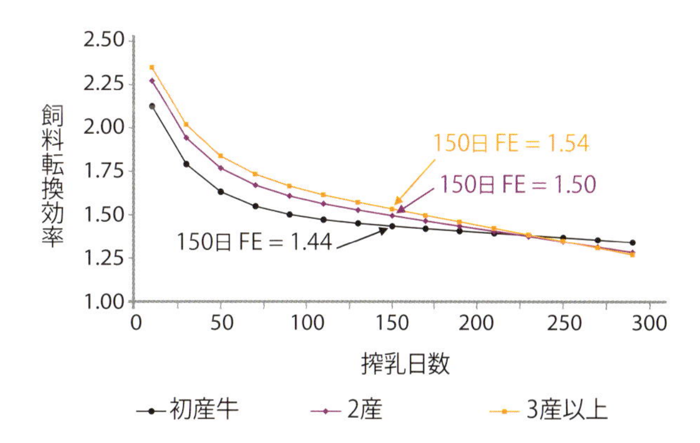

泌乳開始時は、乳産生量および飼料転換効率はとても高い。したがって、平均搾乳日数の長い農場は、飼料コストを超える収入と乳生産量は低くなる。その時々にできるだけ多くの牛が妊娠していることが、搾乳日数を短くするために重要である。妊娠すべき牛が、分娩後120日で75%以上妊娠しているか確認する。初産および2産の牛は、成長を継続しているため、それらの飼料転換効率は3産以上の牛よりも低くなる。

乳への栄養成分の作用(効果)

栄養成分:	ルーメン内での変換:	腸で吸収される形:	乳生産のために乳房に移行する形:	効果:
炭水化物:				
・細胞壁	・酢酸	・	・脂肪	・ケト原性
・急速消化性デンプン	・プロピオン酸	・	・脂肪/乳糖	・ケト原性/糖原性
・遅消化性デンプン	・	・ブドウ糖	・脂肪/乳糖	・ケト原性/糖原性
・糖	・酪酸とプロピオン酸	・	・乳糖	・糖原性
タンパク質	・菌体蛋白	・アミノ酸	・タンパク質	・アミノ原性
	・アンモニア	・	・尿素	・
脂肪	・変換されない	・脂肪酸	・脂肪	・ケト原性

毎日の乳生産(糖原性)の指標

牛の乳量は乳房内で産生される乳糖の量によって調整されている。乳房内の細胞はブドウ糖から乳糖を産生し、乳房内に分泌する。乳糖の量が乳房内に引き込む水の量を決める。乳中の乳糖の含有率は、4.6%で比較的安定している。極度のエネルギー不足または高体細胞数の牛は、乳糖含有率が減少する。

血液を介し乳房内への毎日のブドウ糖の供給が、遺伝的な改良とともに乳生産を支える原動力となっている。

ブドウ糖生産を高める栄養分:

1. 急速消化性デンプンおよびペクチン(小麦、大麦、ビートパルプなど)
   ルーメン内微生物叢が急速消化性デンプンを吸収できる揮発性脂肪酸に変換する。肝臓がプロピオン酸(揮発性脂肪酸の1つ)からブドウ糖を生成する。
2. 遅消化性デンプン(トウモロコシのデンプン)
   遅消化性デンプンは小腸で分解されブドウ糖として血液中に吸収される。これは急速消化性デンプンを介すよりもより効率的に変化される。したがって、遅消化性デンプンは飼料として高産乳牛、分娩後の初産牛にとても効果的である。しかしながら、1日1頭当たり2kg以上は腸に過重な負担をあたえるリスクが高まり、腸アシドーシスが誘発される。低産乳牛は多くの遅消化性デンプンを含む飼料を給餌されると、急速な体重増加につながる。
3. アミノ酸の分解
   ブドウ糖が不足した牛は、血中のブドウ糖は正常なレベルで維持されるためタンパク質がブドウ糖に変換される。これは、乳のタンパク質含量に影響を与える。主に分娩した直後の牛で起こりやすく、なぜ分娩直後の牛への追加のタンパク質給与が強い乳促進効果を持つか説明している。

搾乳回数の増加=高乳生産量

1日3回の搾乳は、15%乳生産量を高める。このことは乳房内の圧力が平均的に低下するからである。乳で乳房内を満たし圧力を高めると乳生産を妨げる。

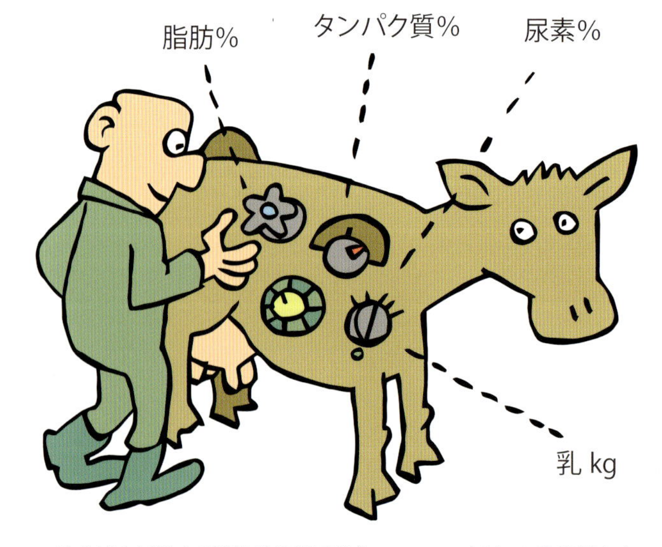

乳生産を刺激する栄養分は糖原性(glucogenic)として、乳脂肪を高める栄養分はケト原性(ketogenic)として、乳タンパク質を増加させる栄養分はアミノ原性(aminogenic)として知られている。これらの名前が暗示していることに反して、実際にこれらの組成を特別にコントロールすることはとても難しい。

泌乳曲線

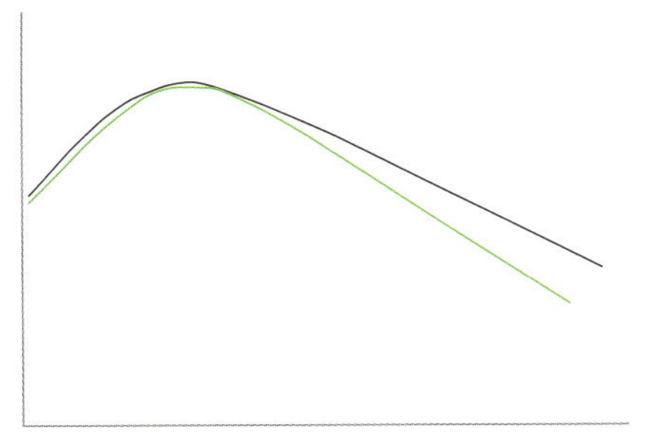

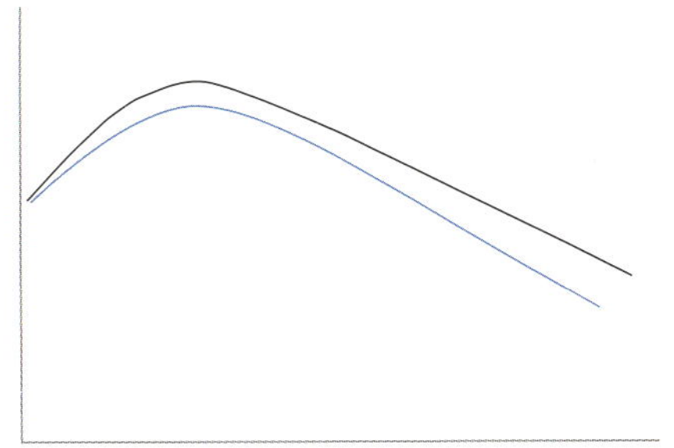

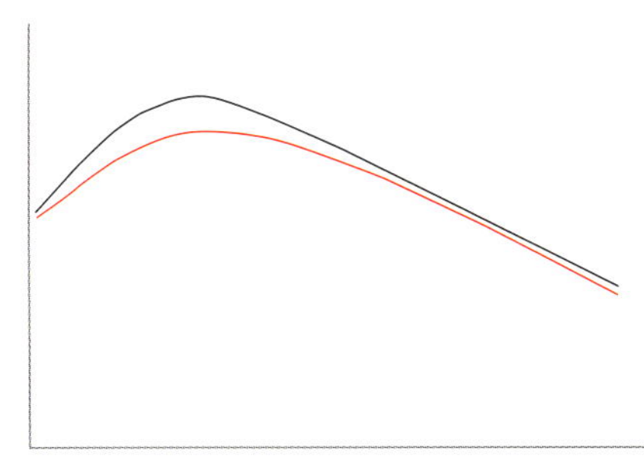

── 通常の持続性
── 泌乳後半で急激な産乳量の減少はタンパク質の摂取不足による

── 泌乳初期での問題により泌乳後半の急速な減少

── とても低いピーク乳量を持つ牛はエネルギーの摂取不足による

牛成長ホルモンは泌乳曲線を変化させる：分娩後数ヵ月産乳量が高くなり、その後徐々に減少する。不十分な持続性と低いピーク乳量は、通常泌乳初期および負のエネルギー状態の期間中の原因によって引き起こされる。

タンパク質含量（アミノ原性）の指標

乳タンパク質は腸管で吸収されるアミノ酸から生成され、それらはルーメン内の菌体蛋白と可消化非分解性タンパク質に由来する。菌体蛋白は乳タンパク質を産生するために理想的なアミノ酸である。

乳中のタンパク質含量は最適な菌体蛋白質の産生により最適なものとなる。十分な分解性タンパク質（DPB）と十分な急速消化性エネルギー（FOM）、例えば糖や急速消化性デンプンのようなもののコンビネーションによって達成される。

脂肪含量（ケト原性）の指標

乳中の脂肪含量は、ルーメン発酵の2つの過程により主に調節されている：

1. プロピオン酸と酢酸比（プロピオン酸/酢酸）の低値：急速消化性デンプンの添加による高いプロピオン酸生成は、酪酸産生、したがって脂肪含量を抑える。粗線維の発酵による酢酸生成の増加は、乳脂肪の産生を高める。
2. 酪酸と酢酸の生産の増加：
酢酸は主に粗線維（NDF）から産生される。そのため多くの茎を含む粗飼料は、通常脂肪含量を増加させる。酪酸は主に糖を多く含む産物から産生される。極端な例：飼料用ビート（糖が豊富）は0.2～0.4%脂肪含量を増加させる。

必要となる基準を決定するときに、牛群の現在の産乳量が遺伝的な能力に適合しているかどうか見積もることである。牛群の産乳量がとても低い場合、飼料はおそらくバランス（エネルギー／タンパク質供給量）がとれていない。年齢の若い牛群と搾乳日数の長い牛群は比較的低い乳生産量となる。

タンパク質を使用する指標

	尿素（mg/生乳100g）（乳中尿素窒素MUNmg/生乳1dl）		
	低い<18（低い<7）	適正18～28（適正7～12）	高い>28（高い>12）
乳タンパク質率(%) 高い（>3.4%）	DBP　不足	適正	DPB 過剰
低い（<3.4%）	CP　不足	CP+FOM 不足	(速い)FOM 不足

乳タンパク質率および尿素含量を基準として適したタンパク質利用の指標。適したレベルは、牛の健康、経営の最低ラインおよび環境にも良い。ガイドラインとしてこの表を使用するとよい。実際には、もっと複雑なこともある。

乾乳期間の飼料の組成

乾乳の牛のBCSは0.25の増加は許容範囲であるが、体重の減少は避けるべきであり、きちんと食べ続けなければならない。分娩後にできるだけ多くの餌を消化できるように、できるだけ大きなルーメンと腸の容積を保たせる必要がある。乾乳期の飼料はし好性が高く容積の大きなものがよい。

乾物1kg当たりの開始ポイント：

2つの乾乳期グループ（乾乳前期と乾乳後期）に分かれている場合：

- 乾乳前期：乾物1kg当たり8〜9MJ（800NEL）と12％の粗タンパク質
- 乾乳後期：乾物1kg当たり10MJ（900NEL）と13〜14％の粗タンパク質

1つの乾乳期グループの場合：

- 乾物1kg当たり9MJ（800〜850NEL）と12〜13％の粗タンパク質

未経産牛（分娩前6週から）：

- 乾物1kg当たり10MJ（900NEL）と15％の粗タンパク質

ミネラル含有量のはっきりとしている飼料を使い、ミネラル給与が基準に従っているか確認する。

乾乳期：あまり長すぎない

最適な乾乳期の長さは初めての時は8週間、その後は8〜6週間。長すぎる乾乳期間は、特にBCSの増加により代謝性の問題（ケトーシス、脂肪肝）を起こしやすくする。短すぎる乾乳期間は、次の乳期での乳生産量が低くなる。

乾乳に入るときの産乳量は、乳房の問題およびこの時期のストレスを避けて15kg/日以下とすべきである。乾乳前期の飼料のように牛に低いエネルギーと低いタンパク質飼料を乾乳前の数日間または1週間給与することにより乾乳させることができる。

泌乳初期の飼料摂取

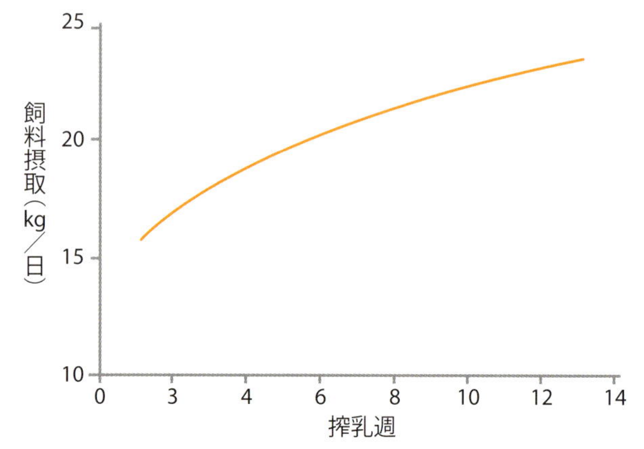

牛の分娩の週による飼料摂取量は15kg/日前後であり、徐々に上昇し分娩後約12週でピークになる。初産牛は、体重にもよるが約15％少ない量を食べる。

PMR：濃厚飼料の開始

濃厚飼料給与の安全な開始のためのガイドライン：分娩日は牛に全体の飼料中に3kg以上の濃厚飼料を与えない。その後、最大量に達するまでは、1日200gから最大で300g濃厚飼料を増加していく。牛が粗飼料をあまり食べていない時には、濃厚飼料を減らして与える。

ここでは全ての乾乳の経産牛と分娩前の未経産牛が1つのグループになっているため、バーン内の使用空間が比較的大きい。ここでは1種類の基本となる飼料と濃厚飼料給餌機により個別に濃厚飼料が給与されている。

分娩時の乳房の浮腫は、産乳量を高めるための飼料によりとても強く関連して起こる。例えば、とても多すぎるエネルギーと特に多すぎるタンパク質が含まれていることによる。多すぎるナトリウムとカリウムも浮腫の原因となる。乳房浮腫の高い危険性のある牛は初産を迎える牛である。運動量を増やし浮腫の危険性を軽減する。

乾乳期、分娩、泌乳初期の成功要因

乾乳牛、分娩する牛、およびフレッシュ牛の目標は、どの牛も良く食べることである。したがってこのシグナルをチェックする。飼料設計は正確であり、牛はふるい分けをしないようにする。乾乳期の間、飼料摂取が低くなると分娩後の産乳量の低下、子宮内感染のような問題が起こる主な原因となる。

口に合う水と餌

全て一緒に採食し、ふるい分けはない。どの乾乳牛も1分間に新鮮な水を10リットル飲むことができ、グループの10%の牛が同時に飲むことができ、弱い牛がとても容易に水を飲むことができる。また1日中新鮮で、し好性の高い飼料が、どの牛にとっても採食場所の80cmまでに供給されているか確認する。適切に混合された飼料が飼槽全体の長さに沿って給餌され、残渣は毎日掃き出す。乾乳牛が搾乳牛の飼槽から餌を食べることはやめさせる(しかし、その逆は問題ない)。

運動と健康

パドックへのアクセスと日光は代謝、健康、安産を促進する。全ての牛の肢は、分娩時に、そして乾乳期の間もできる限り健康でなければならない。蹄の問題は、痛みを伴い、病気の抵抗性と採食量を低下させる。全ての乾乳牛が損傷、寄生虫感染、感染性疾患がないかを確認をする。全ての牛をチェックし、必要であれば乾乳前と乾乳期間中に治療を行う。

ストレスが無い：社会性、暑熱、神経質な、かゆみなど

分娩する牛を分けないで、グループの牛とコンタクトが取れる所で分娩させるようにする。分娩時には牛はスペースが必要であり、麦稈の敷かれたペンやパドックは、より容易に分娩ができる。暑熱ストレスは、乾乳牛、移行期の牛、初産分娩の牛に長期間に渡り影響する問題を与える傾向がある。人は牛が神経質になることをできるだけ取り除く。例えば、牛に恐れを与える人の行動、ハエ、新しい動物の導入、採食時の競合行動、不規則な飼料給与である。

乾燥して快適な休息環境

初妊の分娩予定牛は、分娩前の少なくとも17日前までに、分娩経験のある経産牛は分娩前の少なくとも10日前までに、分娩をする麦稈が敷かれたペンまたはパドックに移動する。そこで牛がよく食べて、自由に動き回ることができるようにする。麦稈の敷かれたペンでは、1頭当たり休息するスペースに少なくとも9㎡必要である。横伏臥する場所はどこも乾燥していることは牛にとって極めて重要なことである。牛の牛体衛生スコアにより確認する：牛の横腹と大腿部分がどの程度汚れているか？　湿っている床面とストールは乳房内への感染のリスクを高める。乾乳牛は広めのストール幅が必要である：ホルスタイン種では1.35m。ベッドの長さ1.90m以上、全体の長さ延べ2.5m(頭を前後するスペースとして0.5～0.75mプラスされている)。そして、柔らかく、乾燥した表面であること。

第6章
飼料給与に関連した牛の問題

牛が乾乳期間、分娩前後、泌乳初期にできるだけ多くの餌を食べているならば、飼料給与に関連した問題はほぼ避けられる。そのため、健康に移行期（分娩の前後6週間）を管理するための成功要因に注意を集中する。

最適な健康状態を目標とする。感染症がなく、ワクチン接種を行う、高い衛生管理水準を維持するようにする。健康は活力、抵抗力、健康維持の基本である。しかし、ときどき、物事がうまくいかないことがある。その時には、早期に問題の牛を特定し、適切な世話を行い、対応ができるようにする。

新たに分娩した牛は全て集中的に1日2回ルーメンフィルスコア、活力、体温、およびふんのチェックを追跡して行う。決定木により問題を分析し、農場の処置計画に従い活動する。

乾乳、分娩、フレッシュ牛はとにかく食べること！

乾乳牛、周産期の牛、フレッシュ牛が、十分に採食し続けていることを確認できるあらゆることを行う。乾乳期の飼料採食量の減少は分娩後に生ずる問題の主な原因となる。移行期牛の分娩前の採食量低下は、乾物1kgごとに分娩後の子宮内感染のリスクを3倍以上高める。不十分な採食は分娩したばかりの牛に問題を起こす原因となる。例えば分娩日などにおこる。

分娩後には、総エネルギーの摂取と適した食べ物を与えることを目標とする。不十分、不定期または正確に調製されていない飼料の摂取は、過度な負のエネルギーバランス、第四胃変位、およびルーメンアシドーシスの高い危険性を持つことになる。

負のエネルギーバランス、脂肪酸の動員、ケトーシス

新たに分娩したどの牛も、餌から摂取するよりも乳生産に消費されるエネルギーが多くなる期間を経験する。牛は主に体脂肪（脂肪酸動員）を使用し不足したエネルギーを補う。これでも足りない時には、筋組織の破壊が始まる。乳房での高濃度のグルコース消費により起こる血糖値の低値が、脂肪酸の動員の引き金となる。この過程で、遊離脂肪酸（NEFAs）が血中に出現する。肝臓で遊離脂肪酸を燃焼する、またはケトン体に変換される。乳中の低いタンパク質含量（<3.0%）と高い脂肪／タンパク質比率は、負のエネルギー状態の程度をはかる1つの指標になる。

負のエネルギーバランスも、ある程度までは正常な過程である。しかし、NEFAs濃度がある一定レベルを超えた場合に、潜在性ケトーシスと呼ばれる。徴候がはっきりとみられる場合は、臨床型ケトーシスまたはアセトン血症となる。

飼料に関連した問題による、牛の病気の発生は管理上のある特定の部分を改善する必要があるという1つのシグナルである。

常同行動

常同行動は牛が繰り返し行う異常な行動のことである。動物が必要とする特定の行動を実行することができないために行われる。反芻動物で主にみられる行動は、ミルクを飲んでいる子牛の間で噛み合ったり、吸い合ったりする行動である。動物たちは同じ状況にさらされているため、グループの数頭で同じような望ましくない行動が起こるようになる。同じ牛舎内でも早い時期または遅い時期に起こることもある。

しばらくの間望ましくない行動を行う動物たちは、それを忘れることはない。そのため、その原因を調査し、それを取り除く必要がある。

舌のローリングは異常な行動の1つであり、おそらく子牛の時に噛むこと、吸うことが十分できないことがあり、若齢期から始まったと考えられる。子牛に早くから牧草を与え、ミルクは乳首を介して与えるようにする。特定の品種でこの行動はよく見られる(ジャージー、フレックフィー、モンベリアルドなど)。

離乳前の時期の子牛がお互いに吸引をする習慣が身についている。これは、ミルクを飲んでいる間や飲んだ後に空腹を感じ、吸引することが満たされていないために起こる。通常、お互いに臍または乳頭を吸い始める。

給餌の時にミルクをもっと与え、子牛に乳首を介してミルクを飲ませる。子牛が自由採食で濃厚飼料とし好性のある牧草を食べることができるか確認する。

奥行きがなく、とても高さの高い飼槽壁は餌の投げ上げのリスク要因である。餌の投げ上げのほとんどは、搾乳牛でみられるが、その問題は、育成期に始まっている。はっきりとした他の原因があるかどうかは分かっていない。模倣が起こっているかもしれないし、遺伝的のようなものかもしれない。

ケトーシスと脂肪酸動員による問題

1.　疾病の抵抗性と繁殖性の低下

血液中の高濃度の脂肪酸（NEFAs）は白血球すなわち疾病の抵抗性に影響を与え、また、卵子すなわち受胎性にも影響する。

処置（対応）：原因に取り組む

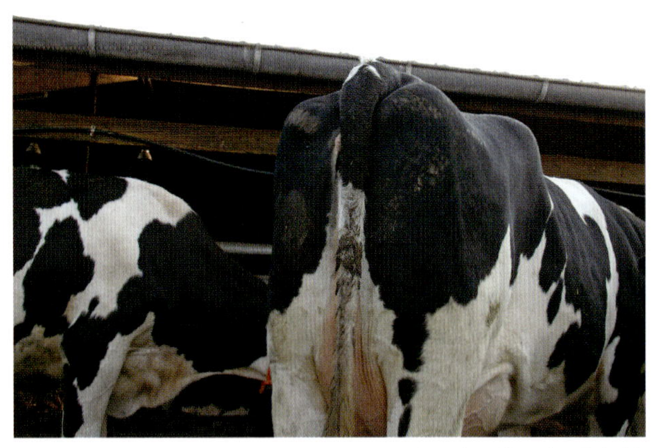

潜在性ケトーシスの牛、またはアセトン血症の牛は乳房炎、胎盤停滞、子宮内感染（この写真の牛）のような疾病にかなり影響を受ける。尻尾には子宮内感染からの排泄物がみられる。

2.　アセトン血症／ケトーシス

牛は臨床型ケトーシスの原因となるアセトン、βヒドロキシ酪酸（BHB）のようなとても多くのケトン体を合成する。通常食べなくなった牛から、よく診つけられる。

処置：プロピレングリコール経口投与のような糖原性の前駆物質を与え、デキサメサゾンを注射する。農場の処置計画を確認する。

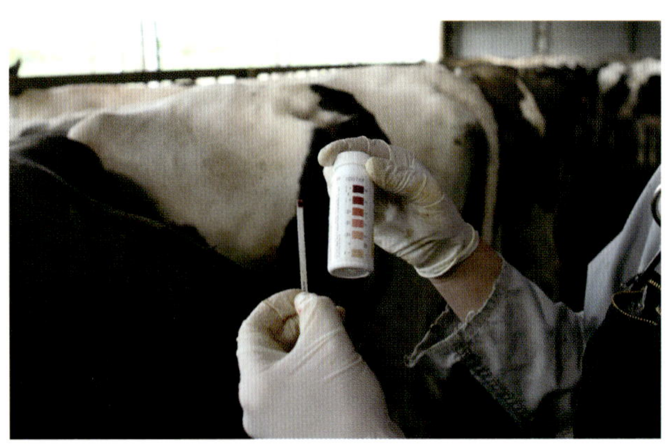

アセトン血症の牛は、活動が緩慢で、餌をほとんど食べず、アセトンの臭いがして、ケトン体のテスト（血液、ミルク、尿）で陽性。ケトン体テストはまだ症状を示さない潜在性ケトーシスの牛を見つけることもできる。

3.　脂肪肝

脂肪酸の動員が過剰となると、肝臓の細胞は文字通り脂肪が増加し、機能が停止する。脂肪肝はBCSが高すぎる牛で起こりやすく、よく乳熱（ダウナー牛）のような症状を伴うことがある。脂肪肝は分娩が近い過肥の初産牛が数日ほとんど餌を食べない時に起こることもある。その場合は、たいてい回復しない。血液検査のNEFAの血中濃度で調べることができる。

処置（対処）：世話を行い、獣医師を呼ぶ

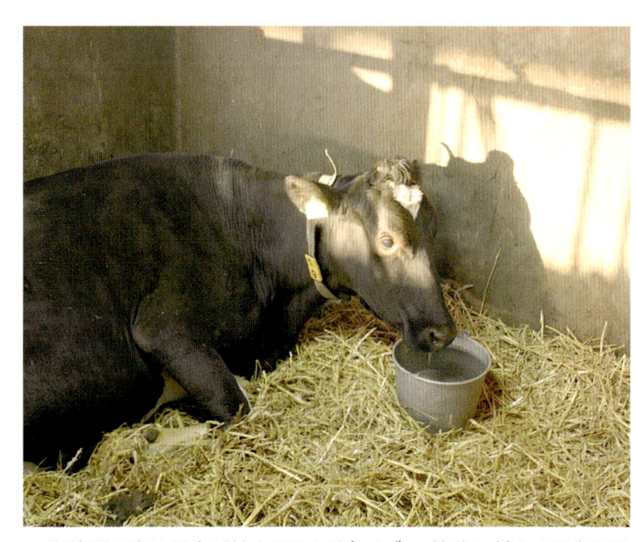

脂肪肝の牛は反応が鈍く、ほとんど食べずに、治療に対する反応も悪い。立つこともできないことがある。集中的な世話の後、数日後に起立することができる牛もいるが、起立することができない牛は廃用としなければならない。重篤な乳房炎になりやすい傾向もある。

ハイリスクな牛への取り組み

BCS4以上、双胎分娩、ルーメンフィルスコアが低い、問題をかかえている場合、ケトーシスになるリスクが高い。餌を十分に食べているか、十分にエネルギーが取れているか確認をする。過肥気味の乾乳牛には運動を課すようにする。ハイリスクの牛にはモネンシンの飼料添加またはプロピレングリコールの経口投与を行う。農場の治療計画を参考にする。

低カルシウム血症（乳熱）

分娩前後には、牛は血液のカルシウム濃度を正常レベルに維持するために十分なカルシウムを迅速に骨から動員することができない。乾乳期の間はカルシウムの損失はわずかであるが、分娩に伴い多くのカルシムが初乳と乳生産のために体から奪われる。3産以上の牛は、乳熱のハイリスクグループである。目標:3産以上の牛で15%未満の乳熱の発生。

臨床型低カルシウム血症の牛は、起立不能となり耳が冷たくなり、食道、腸管、ルーメン、および子宮の筋肉は、ある程度無力状態である。

臨床型および潜在性乳熱は、さまざまな問題を引き起こす。例えば、採食量の低下、第四胃変位、疾病への抵抗性の低下、結果として乳房炎、胎盤停滞、子宮内感染の増加が起こる。

処置:カルシウムの投与。牛が起立不能であり、他のはっきりとした症状が現れている場合、静脈内投与でカルシウムを与える。症状が軽微な場合は、後処置またはハイリスク牛の予防措置の1つとして経口または注射で薬剤を投与する。ビタミンD3の注射は乳熱予防を補助する。

乳熱予防

分娩前後に乳熱を予防するためには、乾乳期間の餌はカリウム含有量がかなり低く（1.5%以下）、十分なマグネシウム（3.5g／日より多く）、12～14%の粗タンパク質を含むものがよい。日光と多くの運動が予防にもつながる。泌乳期の乳熱は、カルシウム含有量がとても少ない飼料の時に起こる。追加のカルシウムを飼料に混ぜるなどして補充する。

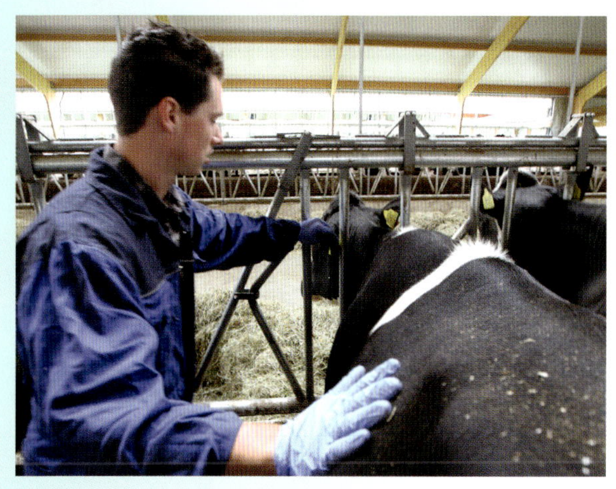

乳熱の牛は耳が冷たくなる。嚥下する筋肉、胃と腸管の筋肉も適正に動いてなく、食べたり水を飲んだりせずにほとんどふんを産生しない。

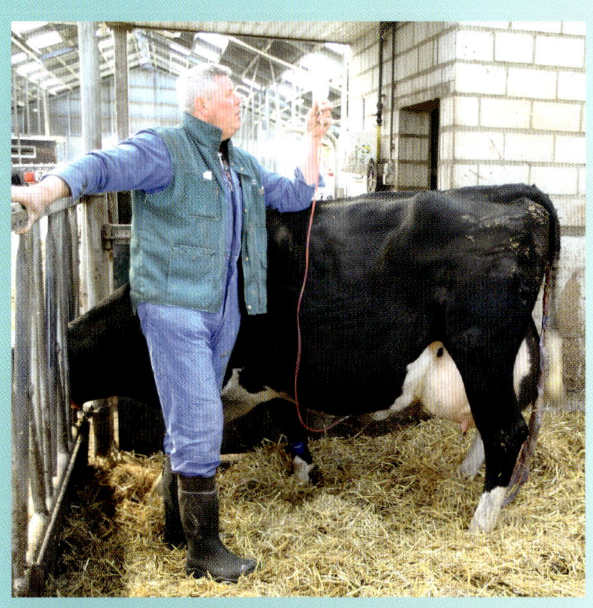

乳熱への注入は、迅速で簡単である。3産以上の牛で活気がなく反応が低く、採食量も低下し、ふんをしていなく、耳が冷たい牛に投与する。牛の徴候も一緒に記録する。1年に1回最良のプロトコルであるかどうか、飼料を再調製する必要があるかどうか評価する。

乳熱および他の問題を伴う分娩したばかりの牛は、ほとんど水も飲まず、ルーメン内は空っぽである。ストマックチューブを使用し、微温湯20～50リットル、できればカルシウム、他のミネラルを加えて、直接ルーメン内に誘導する。獣医師に現在の処置計画を含めて、これをどうすべきか教えてもらうようにする。

ルーメンアシドーシス

フレッシュ牛には十分なエネルギーが与えられ、その飼料は多くの濃厚飼料と急性可消化炭水化物を含む。牛が遅消化性粗飼料よりも急性可消化炭水化物を多く食べた場合、ルーメン内pHは健康を維持できないレベルまで低下する。

低いpHは発酵の問題の原因となる。いくつかの微生物は死に、他のものは増殖する。飼料は十分に利用されず、わずかにビタミンが形成され、全ての種類の毒素が放出される。その牛は、採食時の採食量がバラバラになる。

ルーメンアシドーシスでは、ルーメンは急速に空になり、十分に消化されない飼料がルーメンを通過する。これは、大腸内での発酵の問題の原因ともなる。

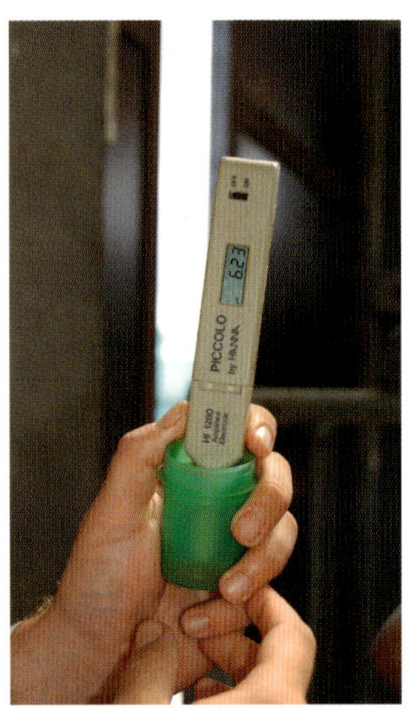

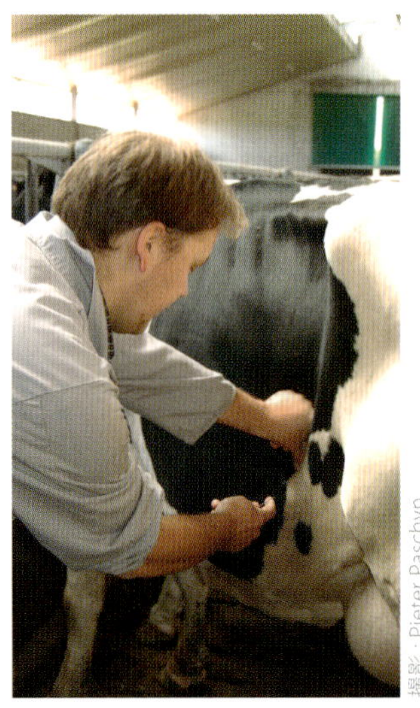

撮影：Pieter Paschyn

獣医師は針を用いてルーメン液を取り出しpHを測定することができる。これは、適切なグループの牛で、適切な時間に行うべきである。ルーメン内容物は3ヵ月間存在し、継続的にpHを測定することも可能である。

ルーメンアシドーシスの処置と予防：

混合飼料（TMR）の牛だけ：

ルーメンアシドーシスは、以下の理由の1つまたはいくつかの組み合わせで起こる：

- 分娩後飼料の大きな変更のように、不規則で採食量が変動することによるルーメン内での急激なpHの変動
- 選択採食
- とても急速に発酵する飼料

濃厚飼料を別に食べる（PMR）牛：

- 粗飼料の摂取量がとても少なく、相対的に濃厚飼料の摂取がとても多い
- 一度にとても多い濃厚飼料が給与される（3kg以上）

1.　急性ルーメンアシドーシス

牛が短い時間に多くのとても急速に発酵する炭水化物を摂取すると、ルーメン内は重度な酸の状況となりルーメン壁に損傷を受ける。牛または牛群がこれから回復し、再び十分な生産に戻るのに、2〜3ヵ月かかる。

処置：牛が完全に回復するまで濃厚飼料を減らし、その後徐々に増加する。

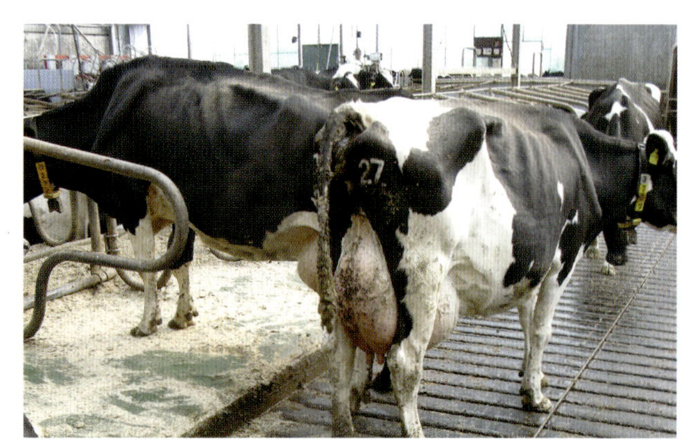

ルーメンアシドーシスの牛は、ルーメンマットの形成がとても少なくルーメンは凹んでいる。ふんは光沢が無い。適切に飼料を利用できないため、牛はやつれていく。

2.　甚急性ルーメンアシドーシス（SARA）

ルーメン内容物は一時的に酸性であり、極端な値には達しない。ふんは消化が不十分であり、牛群で多くの問題が起こることがある。例えば、子宮内感染、蹄底出血、乳中体細胞数の増加、繁殖性の低下などである。ルーメン内のルーメンマット形成が小さく、ルーメン活動がほとんどない牛はハイリスク牛と考える（分娩して約3ヵ月まで）。このような牛のふんは厚みがあったり薄かったりと形状が一定ではないが、いつも薄いふんを伴う期間がある。

処置：飼料中の繊維含量を増やし、選択採食を減らし、1日中全ての牛がし好性が高い餌をストレスなく制限なく食べることができているか確かめる。

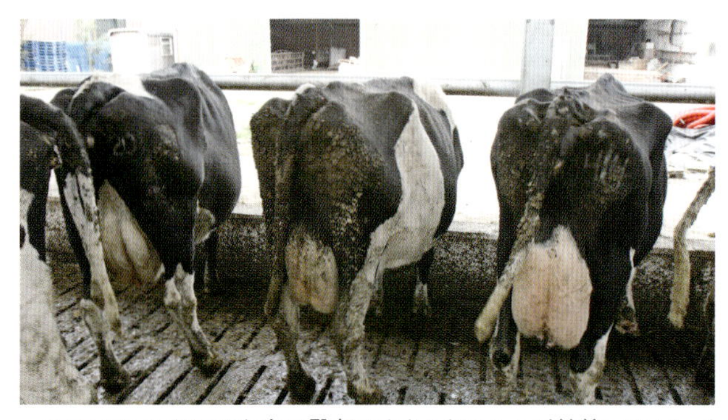

SARAのハイリスクな牛の臀部のあちこちにふんが付着している。その牛群内には通常、2〜3頭の牛はルーメンが空っぽになっており、何頭かひどく痩せた牛がいて、多くの牛が蹄底出血を持っていることがある。

第四胃変位

第四胃変位は適切に収縮が起こらず、第四胃にガスが蓄積することによって起こる。そのガスは上昇し、一般的には左側のルーメンと腹壁の間に移動する。

ときどき、第四胃は捻じれて右側に移動する。この場合、通常血行が遮断されるため、衰弱が早く進み処置しないと死に至る。

第四胃変位

通常分娩後14日以内に起こるが、ときどき14～30日の間に、またはそれ以降にも起こる。分娩時に過肥の牛は、ハイリスクグループであり、他に動き出している問題をかかえる牛でもある。目標:分娩した牛の2%未満の発生。

処置:獣医師の意見を聞く。

第四胃左方変位の牛では、左の腹壁に聴診器を当てて聞いた場合、パチパチという音と雑音に代わってルーメンの収縮の間に静けさを確認できる。そして腹壁を指先で叩くと、ある場所でスチールのドラム缶のような"ピング"音を聞くことができる。

第四胃変位の処置と予防

第四胃変位は原因の複雑な組み合わせによって起こる。主たる要因は不規則な採食、とても少ない飼料摂取量、およびルーメンアシドーシスである。結果として、腹囲はかなりペタンコである。ケトーシスは1つの原因であり、併発して起こることもある。低カルシウム血症(乳熱)も発生リスクを増加させる。

新しく分娩した牛が十分採食しているか確認する。乾乳牛から開始する:食べ続けているか、最適な飼料を給与されているか。新たに分娩した牛には制限なく、し好性の高い飼料と水に一日中簡単に行き来できるようにする。新たに分娩した牛には他の経産牛よりも採食スペース、横伏臥するスペースを10%大きめに考える。新たに分娩した牛の搾乳は別のグループとして行う。それは、搾乳のために長い待機時間を費やさないようにするためである。それらの牛が選択採食していないことを確認する。十分にルーメンと腹囲が充満しているようなしっかりと採食している牛にだけ濃厚飼料を増加させる。

写真クイズ　飼料計算は正確であるにもかかわらず第四胃変位に困っている。何をすべきか?

以下の問いを、できれば専門家とともに検討する。その際、ハイリスクグループ:乾乳期の最後の週の牛、分娩前後の牛、搾乳1週間以内の牛、に焦点を当てる。

1. これらの移行期の牛はよく食べているか、そして1日中定期的に十分量食べているか?
2. 給与している飼料の繊維価と発酵率は十分に高いか?ルーメンアシドーシスのサイン(ふん、ルーメンフィルスコア)はないか?
3. 餌を選択していないか?　PMR:相対的に多くの濃厚飼料を食べている牛はいないか?
4. しばらくの間ほとんど食べてなく、突然多くの急速発酵性の飼料を食べ始める牛がいるのはどのような理由があるのか?暑熱ストレスまたは干ばつ後に急成長した牧草を与えているようなことはないか?

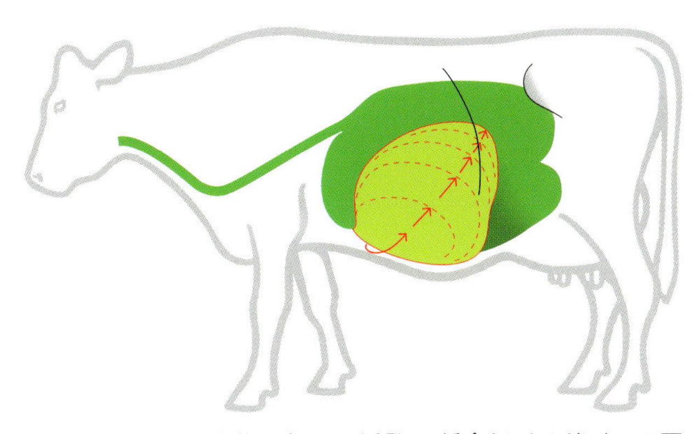

左方への第四胃変位の牛は、不活発で、採食もほとんどしないか不規則であり、乳生産量が少ない。ときどき、ルーメンが沈み込んだ所から確認することができる。

BCSが示していること

BCSは体の蓄積物（主に脂肪）の総量を計測し、BCSの変化は特定の期間のエネルギーバランスを示している。一般的にBCSが1ポイント変化するには約4週間を費やす。分娩前後飼料摂取量が十分ではないと、1週間に0.5ポイント下がることがある。

全体を見渡すためには、乾乳期のグループに移動する乾乳開始日、分娩日、分娩後5～12日の間、搾乳8～12週に、個々のウシのBCSを記録する。

とても痩せている（BCS2.5）泌乳開始の牛は、負のエネルギーバランスを補うためのエネルギー蓄積をほとんど持っていない。

搾乳の指標としてのBCS

1. 負のエネルギーバランスによる最大1ポイントの減少

（訳者注:国内の一般的なBCS測定では≦0.5を推奨）

これは、8～12週での目標である。その成功要因は、最大の飼料摂取、特にエネルギー摂取である。分娩時と負のエネルギー時期の終わりに全ての牛のBCSを記録することで確認することができる。急激なBCSの減少は、代謝性の疾患の増加、繁殖性の低下、飼料効率の低下につながる。

2. 乾乳開始時のBCS2.75～3.5

牛が予定通り妊娠し、分娩間隔があまり長くならないならば、牛の体重の増加を避けることができる。牛は、産乳量がエネルギー摂取量に対して非常に少ない場合、泌乳の終わりに体重が増加する。TMR給与方式の農場は、低産乳グループを設けることもでき、牛のBCSを基準に移動することもできる。PMR給与方式の農場は、濃厚飼料の給与量をコンディションスコアに合わせて与える:BCSがとても高い:-0.5kg／日、BCSがとても低い:+0.5kg／日。

最大の問題は、乾乳期の太りすぎの牛である。なぜならその牛は分娩および泌乳開始時に問題を起こす危険性が非常に高い。泌乳の終わりにとても痩せている牛には、乾乳期間に特別な餌の給与（下の緑枠内参照）が必要であるが、ある特定の牛は、痩せたままでいる傾向がある。

乾乳期間のBCSの管理

乾乳開始時のBCSを基準に乾乳期間の牛の管理を行う。乾乳期間中、牛のBCSは0.25ポイントまでの増加は許容範囲であるが、絶対に低下させてはならない。分娩時に3.0～3.5を1つの目標とする。乾乳牛のBCSは1週間に1回観察する。

痩せすぎからの乾乳開始

BCS2+の乾乳牛。双子の場合乾乳期の移動を2週ずつ早める。乾乳後期の飼料または濃厚飼料を与えるなどよりエネルギー豊富な飼料を与える。

適正コンディションからの乾乳開始

BCS3.5の乾乳牛。基本的な飼料が栄養豊富で牛が選択採食していると太る。痩せる場合は、一般に食べている餌の量がとても少ない。または、ときどき給与飼料がとても少ない場合がある。その場合、2種類の飼料給与グループがある場合には、牛を乾乳後期に移動させる。1種類の飼料給与グループだけの場合、特別に濃厚飼料を与えるか飼料設計を見直す。

太りすぎからの乾乳開始

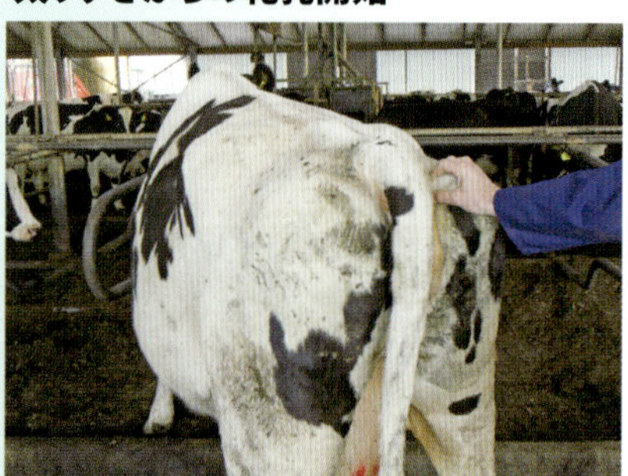

BCS4.5の乾乳牛。ほとんどエネルギーを取らない（負のエネルギーバランス）太りすぎの牛は脂肪肝になりやすい。太った牛は確実に十分なエネルギーを取る必要がある。牛の飼料摂取についてはっきりしない場合は、プロピレングリコールを与える（農場の処置計画参照）。体重を落とさせないで、運動量を増やす。できるならば、乾乳期間を短くするか、乾乳期間を取らないようにする。

飼料給与と繁殖

飼料給与は2つのポイントで繁殖に影響を与える。

1.　移行期

子宮内感染は発情周期に負の影響をもち、人工授精の機会を減少させる。ケトーシス、マグネシウムおよびセレニウムのようなミネラル欠乏、低カルシウム血症は、難産や不適切な分娩介助と同様に、子宮内感染の主な原因である。

2.　負のエネルギー状態の間

極端な体重の減少、または負のエネルギー状態の持続により、卵子の生存性が低下し、発情周期がはっきりしなくなる。これらの徴候を持つ牛は、BCSの急激な減少を示す。とても痩せている牛（BCS<2）は、妊娠するのは大変困難である。

飼料中の糖原性のエネルギーを増加させることは発情周期と発情行動の発現を刺激する。とても高い、または低い尿素含有量は繁殖性を低下させる。

乳生産と繁殖

とても高い産乳量の牛は、低い繁殖性と必ず連動するものではない。しかしながら、繁殖に関係するホルモンは、肝臓でとても速く代謝され血液から消失する。そして、このことは、発情の発現期間を短くしてしまう。より多くの飼料を採食する牛は、肝臓の血流量が増加している。そして、牛たちは受胎能力（繁殖性）に注意を払われることなく乳生産のために長年にわたって品種改良されてきた。

繁殖性と病気の抵抗性は、特別な餌を与えることにより高めることはできない。しかし、飼料プログラムの不十分な点やミスにより低下させてしまう。

指標

最適な飼料給与の成功要因は、言い換えれば、繁殖をする牛のための成功要因でもある:

- 乾乳期間のBCS:低下させない、最大で0.25の増加まで
- 分娩時のBCS:3.0-3.5
- 子宮内感染牛:<10%
- 泌乳開始での乳タンパク質率:分娩後0-60日および60-100日:>3.0%
- 乳脂肪率:分娩後0-14日:<5.0%
- 負のエネルギー期間のBCSの減少:≦1.0（訳者注:国内の一般的なBCS測定では≦0.5を推奨）
- 代謝性の問題:ケトーシス:<5%、第四胃変位:<2%
- 蹄の健康性:分娩後60-80日の蹄底出血の頭数割合:<20%

これらの基準値は、一般的なホルスタイン種を標準とした参考値である。

健康な子宮は、牛にとって妊娠のために必要不可欠であり、移行期の管理が適切であったのかのシグナルでもある。計画通り妊娠させることは、毎日高い平均産乳量を維持する成功要因であり、乾乳期に入るときに高すぎるBCSを避けることである。

牛1頭当たりの採食スペースが30cmの農場は、1頭当たり60cmの農場と比較して分娩後150日以内の受胎頭数が半分である（Caraviello et al., 2006）。

蹄の問題と飼料

飼料給与の失敗と特定の栄養分の欠乏は蹄の問題の主要な要因である。そのリスクの高い時期は、分娩前の最後の1週間から泌乳開始の1週間までである。初産分娩牛は特にそのリスクの影響を受けやすい。ビタミン（ビオチン、A、D、E）、ミネラル（銅と亜鉛）、および微量元素（コバルト、マンガン）の不足は蹄角質の質の低下につながる。摂取量はルーメンアシドーシスにより低下することがあるが、餌の設計が不十分であることも関係する。場合によっては、ビオチンの添加は白線病の発生リスクを低下させることができる。

蹄葉炎

1. 急性蹄葉炎

牛は突然に、何本かの肢でひどい跛行をする。これは大量の炭水化物を採食し急激なルーメンアシドーシスによって起こる。蹄壁は曲がり蹄の先端が長くなるため、蹄底に多くの負重がかかる。

処置:急性期には、獣医師に連絡をする。それから、牛が休息できる場所で集中的に蹄の世話を行う。

2. 亜急性および慢性蹄葉炎

蹄底出血と関連した潰瘍および欠陥は、蹄への過度の負重による結果である。餌に関連した要因は蹄の構造の安定性と強度を低下させる。目標:分娩後80-100日蹄底出血<20%。以下の原因は、多かれ少なかれ同時に起こる:

1. 低負重ー支持能力の低下:
   - 角質の質の劣化:ケトーシス。乳熱。ビタミン、ミネラル、または微量元素の不足。高産乳量。
   - 衝撃吸収性と圧力分散の低下:低いBCSでの薄い蹄球枕
   - 末節骨の提靭帯の質の低下:分娩時の軟化（弛緩）、分娩時の負重超過による靭帯線維組織の断裂
2. 負重超過:
   - 長時間の起立:安楽性の低いストール、長い搾乳時間、長い繋留時間など
   - 固い床面、および長距離の歩行移動
3. 蹄真皮の形成異常:
   - 体内での炎症性物質産生を伴う疾病:ルーメンアシドーシス、子宮内感染症など

クイズ 多くの牛が痛みを伴う歩き方（跛行）をしている。牛群に蹄底出血、蹄底潰瘍、白線の異常がよく見られる。飼料の較正をすべきか？

農場では1回2時間の搾乳を私1人で行っている。搾乳後1時間牛を飼槽で繋留している。牛群内の60%の牛が飛節に傷がある。それらの牛のBCSは2.0と低い。

搾乳者の1日2回2時間の搾乳作業は牛を2回×2.5時間＝5時間立たせていることを意味する。牛たちはまた飼槽フェンスでも2回×1時間＝2時間立っている。合計7時間である。腫れている飛節は、牛が十分長い時間横伏臥することを望まない快適性が低いストールを意味する。低いBCSの牛は薄い蹄球枕であり長時間の起立により蹄角質が損傷を受けやすい。

2つのグループに分けて搾乳を行い、その後45分間の飼槽での滞在とする。深い敷料を敷きストールを改善する。そして、飼料はそのままにしておく。

趾皮膚炎

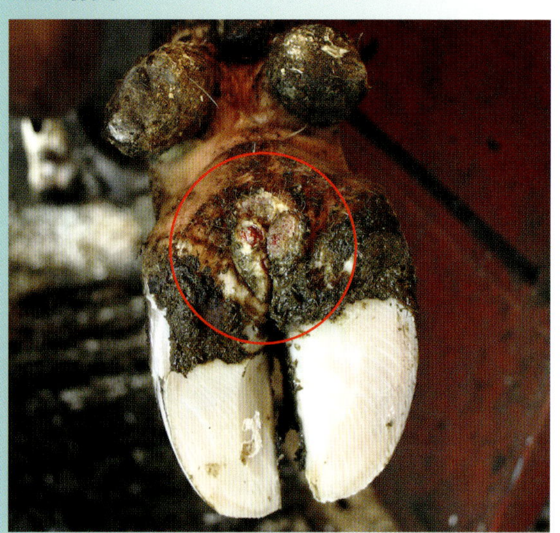

趾皮膚炎は真っ先に対処すべき感染症の1つである。この疾患は、目で確認できる部位の治療と蹄浴による感染予防によりコントロールすることができる。

泌乳初期の初産牛や高産乳牛のような抵抗性の低い牛は、この感染症に最も罹患しやすい。負のエネルギーバランス、ルーメンアシドーシス、ストレスなどにより悪化することがある。

飼料計算はミネラルバランスを含めて行う

基本となる飼料計算はミネラルおよび微量元素も含まなければならない。これを行うためには、自給粗飼料のミネラルの分析も行う必要がある。たいていの濃厚飼料のミネラル含量は一定であり、明記されている。新牧草の飼料分析が行われたとしても、放牧場管理の育成牛や乾乳牛へのミネラル供給量の計算は大変難しい。これらのグループには、ミネラルを静脈内投与または放牧場で添加飼料を与えることができる。季節的に分娩させている牛群では、ミネラル給与について分からない場合には、ミネラル添加を行う時期を知るために分娩前に一時的に検査を行う。セレンやモリブデンのような特定のミネラルや微量元素は、過剰給与は有害となる。飲料水中の鉄が多いと、特定のミネラルの取込を低下させる。

ミネラル給与の確認

ミネラルが正しく含まれる適正な飼料給与：

1. 全ての飼料計算で、牛のミネラルと微量元素必要量が飼料から得られているか確認する。必要に応じて不足分を全て補う。飼料の専門家にそれぞれの動物グループに合う方法を尋ねる。
2. ミネラルの状況が正しくない情報があるが飼料に問題が無い場合、血液サンプルの検査結果について獣医師に尋ねる。サンプルの種類と数、サンプリングの時間、サンプルを採取した牛によってはミネラル濃度が異なることがある。
3. バルクタンクからの乳サンプルのミネラル濃度を分析する。

写真クイズ　**この牛は目の周りの毛が薄くなっている。これはミネラル欠乏が原因か？**

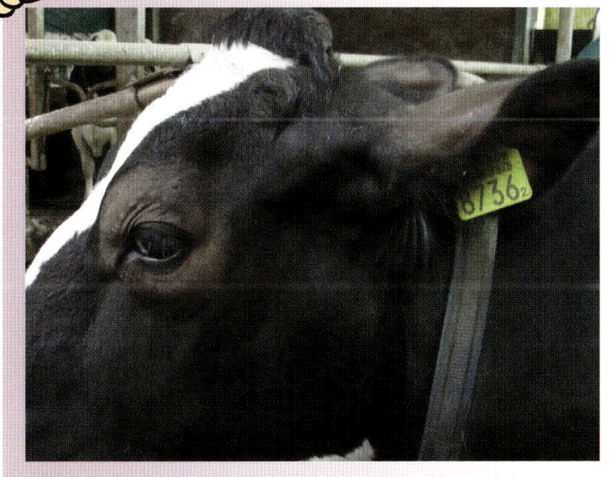

重度の銅欠乏は目の周りの毛を変色させ、毛を細くする。しかし、生産性の低下につながることもあり、育成牛では低成長や関節の肥厚も見られる。

この牛の目の周りと左耳の毛がすり減っている。この牛は備え付けのブラシに頭を強くこすりつけているようである。疥癬を持っていないかどうか確認する。

メッセージ：最初に何か違っていることを全て調査する；単にやみくもにミネラル添加を行ってはいけない。

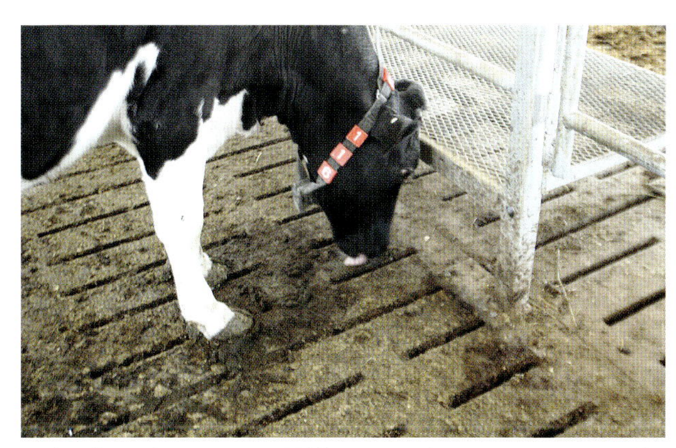

牛が普段は好まないものを執拗になめたり食べることは、ミネラル給与を確認すべき1つのシグナルである。このような行動には多くの原因がある。例えば塩の欠乏、他のミネラルの不足、繊維不足、個々の搾乳牛ではアセトン血症などがある。

ミネラル欠乏の兆候

ミネラル	兆候
マグネシウム	乾乳牛:乳熱 初産牛：子宮内感染症 搾乳牛：反応過敏（神経質）
銅	育成牛：発育遅延、薄い被毛、関節の肥厚 経産牛：低生産
セレン	初産牛と乾乳牛：胎盤停滞、子宮内感染症、乳房炎 搾乳牛：乳房炎の高発生率
コバルト	ルーメン機能の低下：発育遅延、低生産、体重の損失
カルシウム	搾乳期間での乳熱
リン	搾乳牛：異食症、普段行わないことをしている牛

このリストは考えられている兆候をすべて含んでいるわけではない；兆候には大きなばらつきがあり、多くの他の状況が同様な現象を引き起こすこともある。時には何か問題が誤ってミネラルの問題とされることがある。

鋭利な物体を採食－金物病

牛は食べるのが早く、硬い茎をいつも食べている。時折餌と一緒に金属ワイヤー片、釘、ガラスを食べてしまう。これらは、第二胃の底に入り込み、その部位でそれらは胃壁に刺さり、膿瘍の原因となる。それから、それらは体内でさらに壁を貫通し、一般的に心臓の方に移動していく。

処置：牛が食べてしまう鋭利な金物を引き寄せるため特別な重い磁石を生涯胃内に入れたままにする。ときどき、その物体は、外科的にルーメンを介して取り除くこともできる。

金物病の牛は調子悪く見える。シグナルは以下の通り：食欲の減退、ふんに長い繊維が含まれる、乳生産量の低下、体重の減少、ルーメン運動の減少、腹痛（うめく）。

金物病の予防

1. 飼料内に釘や金属ワイヤーがないことを確認する。
2. 刈り取りの時に磁石を装備した牧草刈り取り機を使用する。
3. それぞれの未経産牛に磁石を飲み込ませて、乾乳グループに入るときに磁石が胃内にまだ存在しているか方位磁石を用いて確認する。

本質的な原因を探す

病気になる牛の理由は餌に関係したものではないものも多い。獣医師に牛をチェックしてもらう。牛群のシグナルがあるかもしれない。

車のタイヤとフェンスのワイヤー部分は金物病の最もよく見られる原因である。古い車のタイヤは撤去し、周辺にワイヤー部品を散らかしたままにしない。サイレージのサイロでタイヤの代わりに砂利バックを使用する。

牛の口蓋（口の中の上の部分）に指を押し付けると、牛は口を空ける。投薬用の器具で磁石を下の上の部分の奥に置いてくる。牛は自動的に磁石を飲み込む。

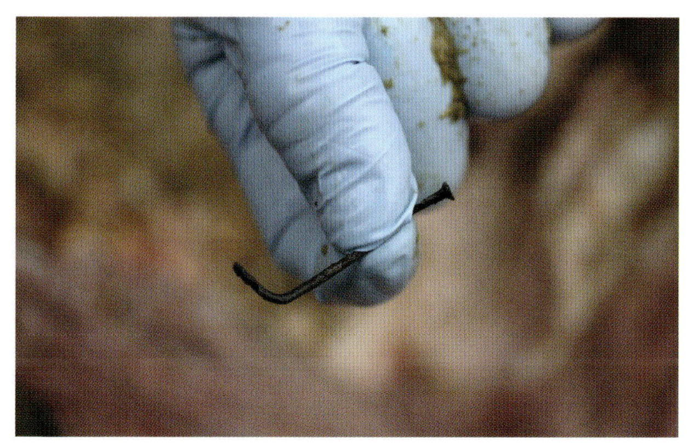

この釘はと畜検査場で太った未去勢の雄牛の第四胃内から見つけられた。

CowSignals®
learn & earn

実践的で信頼できる情報を提供する

Vetvice社は、酪農家やそのアドバイザー、飼料等の供給者に、牛に関する研究と経験に基づいた実践的で信頼できる情報を提供します。獣医師とエンジニアからなる私たちのチームは、生産動物と生産者の人々を、最適な生産性で結び付け、最大の幸福と健康を提供できるよう努めています。Vetvice社は1997年の設立以来、全世界の酪農に貢献しています。

Vetviceグループは、以下のフィールドで活動しています：

Cow Signals® トレーニングと本

Cow Signalsは、酪農家を対象に、分かりやすい言葉で牛についての実践的な情報を提供しています。本、ポスター、ワークショプ、バーンでの実践指導や講義を通じ、全世界の数か国語で提供しています。

ワークショップとトレーニングの詳細については、**WWW.CowSignals.com**を参照してください。

バーンの設計と大規模の牛群管理

Vetvice社は、バーンデザインの4つの基礎に基づき、理想的な牛舎と管理システムのデザインと、管理についての酪農家の訓練と助言を行います。牛のためにも、作業者のためにも優れた生活を、そして労働環境をつくる目標を立てます。もちろん、私たちは健全な経営結果と環境に配慮した枠組み内で作業を進めていきます。

マーケティング、コミュニケーションと経営戦略のためのトレーニングとアドバイス

Cow Signalsトレーナーのトレーニング・セッションの中で、Vetvice社は酪農家とそのアドバイザー、獣医師、外部支援者等とのコミュニケーションの方法や、アグリビジネスのサービスや生産物のマーケティング、獣医実習、経営戦略の分野の訓練を行っています。

DAIRYMAN

カウシグナルズ チェックブック

乳牛の健康、生産、アニマルウエルフェアに取り組む

本書は「作業現場に持ち込んで使う」をコンセプトに観察項目を54枚のカードに分離可能で、各作業と並行して「シグナル」を観察し対応できるようになっています。

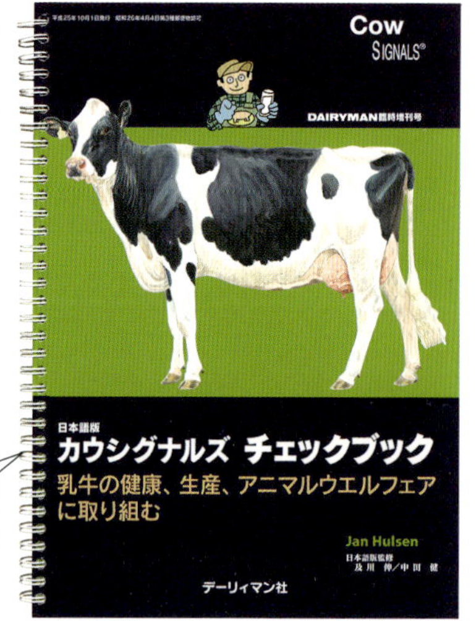

汚れに強く、現場に持ち込み可。作業中に観察すべきポイント集。

著 Jan Hulsen	Ａ４判 全カラー・PP加工 100頁
監修 及川 伸・中田 健	定価 4,381円＋税 送料 267円＋税

Hoof Signals 健康な蹄をつくる成功要因

牛の蹄の健康状態は、餌の摂取に強い相関関係があり、乳生産量や受胎し易さに影響を与える。

本書は現場での蹄の健康管理に必要な多くの情報を、イラストや写真を使って簡潔に解説する。

蹄の健康管理に関する情報を網羅。実践的で分かりやすい指導書。

著 Jan Hulsen	判型 205mm×265mm 全カラー 70頁
訳 中田 健	定価 3,000円＋税 送料 350円

ご注文・お問い合わせは

デーリィマン社 管理部

☎011(209)1003 FAX011(271)5515

e-mail kanri@dairyman.co.jp

※ホームページからも雑誌・書籍の注文が可能です。

http:// www.dairyman.co.jp